园林树木景观设计

LANDSCAPE DESIGN OF GARDEN TREES

胡长龙 ◎主编

化学工业出版社

·北京·

内容简介

《园林树木景观设计》在明确园林树木景观概念和园林树木景观设计基本原理的基础上，重点讲述了园林树木少数植株景观设计、园林树木多数植株景观设计、带状园林树木景观设计、园林树木造型艺术景观设计、园林木本植物地被景观设计，还介绍了常用园林景观树种的选用，并附有相应的彩色照片，方便读者参阅。本书理论与实际相结合，立足解决园林绿化实践过程中遇到的实际问题。

《园林树木景观设计》适宜作为大、中专院校风景园林、园林、园艺、林学、建筑、旅游、艺术、景观设计等专业师生的参考教材，也适合作为园林设计、园林植物养护、园林施工等相关人员的职业参考用书。

图书在版编目（CIP）数据

园林树木景观设计 / 胡长龙主编 . —— 北京：化学工业
出版社，2021.3
    ISBN 978-7-122-38394-5

    Ⅰ.①园…　Ⅱ.①胡…　Ⅲ.①园林树木 - 景观设计
Ⅳ.①S68

中国版本图书馆 CIP 数据核字（2021）第 018944 号

责任编辑：尤彩霞　　　　　　　　　　文字编辑：林　丹　白华霞
责任校对：边　涛　　　　　　　　　　装帧设计：韩　飞

出版发行：化学工业出版社（北京市东城区青年湖南街 13 号　邮政编码 100011）
印　　装：中煤（北京）印务有限公司
787mm×1092mm　1/16　印张 12¾　字数 307 千字　　2021 年 8 月北京第 1 版第 1 次印刷

购书咨询：010-64518888　　　　　　　　　售后服务：010-64518899
网　　址：http://www.cip.com.cn
凡购买本书，如有缺损质量问题，本社销售中心负责调换。

定　　价：129.00 元　　　　　　　　　　　　　　　　版权所有　违者必究

PREFACE

前言

　　园林树木景观是一种有生命的艺术景观，它包含自然界的树木群落景观、树木个体所表现的形象景观，也包括在室内外运用树木题材人工创作的美丽景观形象。这种形象通过人们的感官传到大脑皮质，产生一种实在的美的感受和联想。园林树木景观具有主体休闲价值，是人们各种心理欲望（例如审美的需要、摆设的需要、修身养性的需要、心灵寄托的需要等）的一种重要归结物。园林树木景观是人类智慧与灵感交汇的集结载体，更是人们生活素养提高的精神消费物。

　　《园林树木景观设计》所说的园林树木景观是植物景观的一种，就是运用乔木、灌木、木质藤本等植物为题材，配合部分花草，依据园林树木的生态特性、形态美学的原则，运用园艺和园林技术原理，与园林、造景、造园、园艺等技艺相融合，经过陪衬、组合所布置装饰的园林景观。通过艺术手法，可充分发挥园林树木的形体、线条、色彩等自然美；通过把园林树木进行整形修剪等艺术加工，可形成具有一定特征的树木景观，也就是在人居环境中进行树木的再创造，即按照树木的生态学原理、艺术构图和环境保护要求，进行合理配置，创造的各种优美、实用的园林景观。在城市绿地系统中，园林树木景观可形成绿色网络的骨架，维护行车安全，改善城市小气候，净化人们的生活环境，增添城市的风景，展示城市特色，凸显社会经济效益，创造美丽绿色的花园城市（镇）。园林树木景观突出的功能是美化环境、净化空气，维护了人居的生活环境，促进了人们身心健康，展现了民族历史文化，在度假居住、观光休闲、体验养生等市场中发挥了很大的作用。

　　园林树木景观设计，是一种具有生命特征的景观设计，是生态环境设计的重中之重。园林树木景观设计的科学与否，直接关系到园林树木景观的稳定与持续发展，进而关系到整个系统的生态作用。园林树木景观设计首先要选择好树种，根据环境特点，应用园林艺术构图的形式美法则来创造树木景观，形成"虽由人作，宛自天开"的景观效果。一个好的园林树木景观设计，就是个体美与群体形式美的统一体，如果园林树木景观不符合自然界的树木生长规律，往往会是昙花一现，难以达到我们预期的艺术效果。所以，一个成功的园林树木景观设计，绝不仅仅是一个好看的图纸，更重要的是景观建成后能通过验收、管理，从而达到人们体验的舒适满意。

　　本书由胡长龙主编，吴祥艳、戴洪、胡桂红、胡桂林参与了部分内容的编写工作。本书是编者多年来教学和实践的体会总结，语言精练，通俗易懂，理论与实际应用紧密结合。本书立足解决园林绿化中的实际问题，附有大量的经典案例图片，可供各地设计人员参考。

　　由于编者水平有限，书中疏漏之处在所难免，敬请读者批评指正。

胡长龙

南京农业大学

2021.5

目录
CONTENTS

第一章
概　述

树木是木本植物的总称，在我国就有上万种。园林树木是木本植物的一大类型，它具有美丽、可观赏的形态和多变的叶、花、果等，有的高耸入云，有的平和悠然，有的苍虬飞舞，造型各异，常用在园林和城市绿化中。本章主要讲述园林树木景观的概念、功能作用和表现形式。

 园林树木

1.园林树木的种类

园林树木种类繁多，造型千变万化，从大小高低形态来说有乔木、灌木、木质藤本和匍匐类之分。园林树木的种类和形态特征是人们观赏树木的重要依据，也是园林景观设计者首先要掌握的特征。

（1）乔木　高3m以上，具有明显直立高大的主干，按其大小又可分为大乔木（高20m以上）、中乔木（高10～20m）、小乔木（高3～10m）。乔木是创造上空间或高大树木景观的主要材料，具有远距离和动态观赏的特点。例如，银杏（图1-1）、蓝桉等。

（2）灌木　植株矮小，一般在3m以下，无明显主干，分枝多。灌木是创造低空间或低矮树木景观的主要材料，具有近距离和静态观赏的特点。例如蜡梅（图1-2）、笑靥花、绣线菊等。

（3）木质藤本　茎木质化，具有缠绕或攀缘茎，能缠绕或攀附它物而向上生长。木质藤本是设计花架、花格、花柱、花墙景观的主要材料，观赏特点多样。例如，木香（图1-3）、扶芳藤等。

图1-1　乔木——银杏

（4）匍匐类　树木的干和枝条均匍匐于地面生长，它是创造地被绿色景观的主要材料之一，它具有近距离和俯视观赏的特点。例如铺地柏（图1-4）等。

2.园林树木的冠形

园林树木的树冠是由树木的枝叶组成的，由于不同树种自然形态多种多样，归纳起来可以分为圆柱形、尖塔形、卵圆形、球形、扁球形、圆锥形、倒钟形、馒头形、伞形、平顶形、棕榈形、丛生形、拱枝形、偃卧形、匍匐形等，而且一年四季还有各种色彩的变化。园林树木景观设计者掌握园林树木的冠形特点，可以设计出各种深受人们喜爱的景观。

（1）圆柱形　主干挺直，大枝短而弯曲，靠近主干，形如圆柱状（图1-5）。

（2）尖塔形　主干直伸，上部枝条短，下部枝条长而平展，形如尖塔（图1-6）。

（3）卵圆形　主干直伸，中部大枝长，上下部大枝短，形如卵状（图1-7）。

（4）球形　无直伸的主干，大枝多呈放射状，长度相近，分枝多，形如球状（图1-8）。

（5）倒钟形　主干直伸，下部大枝短，中上部大枝长，形如倒钟（图1-9）。

（6）扁球形　直伸主干不明显，主干分枝较低，大枝放射状向上斜展，形如扁球状（图1-10）。

（7）馒头形　无明显通直的主干，大枝多呈放射状，长度相近，下部分枝较弱，形如馒头（图1-11）。

（8）圆锥形　主干直伸，下部大枝长，上部大枝短，形如圆锥（图1-12）。

图1-2　灌木——蜡梅

图1-3　木质藤本——木香

图1-4　匍匐类——铺地柏

图1-6 尖塔形树冠——雪松

图1-5 圆柱形树冠——蜀桧

图1-7 卵圆形树冠——加拿大杨

图1-8　球形树冠——五角枫

图1-9　倒钟形树冠——槐树

图1-10　扁球形树冠——银杏

图1-11　馒头形树冠——馒头柳

图1-12　圆锥形树冠——水杉

（9）伞形　无主干直伸，大枝多呈放射状下垂，长度相近，形如伞状（图1-13）。

（10）平顶形　无直伸主干，顶部呈合轴分枝状，长度相近，形成平顶形树冠（图1-14）。

（11）棕榈形　单干直伸天空，主干顶端簇生叶片，形成特殊的棕榈形树冠（图1-15）。

（12）丛生形　无主干直伸，大枝呈现丛生状（图1-16）。

（13）拱枝形　无主干直伸，大枝呈现拱形生长（图1-17）。

（14）偃卧形　无主干直伸，枝条斜伸，呈放射状（图1-18）。

（15）匍匐形　无明显主干，大枝贴近地面横向生长（图1-19）。

图1-13　伞形树冠——龙爪槐

图1-14　平顶形树冠——合欢

图 1-15　棕榈形树冠——棕榈树

图 1-16　丛生形的金丝桃

图 1-17　拱枝形的连翘

图 1-18　偃卧形的偃柏

图 1-19　匍匐形的铺地柏

3.园林树木的特性

园林树木与其他植物一样，不能脱离环境而单独存在，必须生长在一定的环境中，才能正常生长和发育。一方面，温度、水分、光照、土壤、空气等环境因子对园林树木的生长和发育产生重要的生态作用；另一方面，园林树木对变化的环境也会产生各种不同的反应和多种多样的适应性。对这些性能的了解和熟悉是树木景观设计者必备的知识。

（1）影响园林树木的生态因素　树木的生存受到很多生态因素的影响，它们共同构成了树木的生存环境，树木只有适应这个环境才能生存，所以生态因素亦称环境因子。生态因素是环境中影响树木的形态、生理和分布的因素，它直接影响树木的生存、繁殖、群体结构和使用功能等。生态因素不是孤立存在的，而是共同作用的。树木景观设计时，要分析树木生存的环境条件，就要分析各种生态因素的综合作用，还要找出其中的关键因素，以利于树的生长和景观的持久性。园林树木生态因素包括了生物因子和非生物因子两个方面。①生物因子：种内关系，包含竞争、互助、繁殖等；种间关系，包含共生、共栖、捕食、寄生等。②非生物因子：阳光、水分、空气、土壤、气候等。

（2）园林树木的生态特性　研究环境中各因子与园林树木的关系是树木景观设计的理论基础。某种树木长期生长在特定的环境里，受到该环境条件的特定影响，通过新陈代谢，在树木的生长过程中形成了对某些生态因子的特定需要，这就是其生态习性。由于树木长期受到环境因子的影响，便产生了适应各种环境因子的树种，有相似生态习性和生态适应性的树种，则属于同一个树木生态类型。按适应热量因子不同可分为热带树种、亚热带树种、温带树种、寒带亚寒带树种。按适应水分因子不同可分为耐旱树种、耐湿树种。按适应光照因子不同可分为阳性树种、中性树种、阴性树种，每类中又可分数级。按适应空气因子不同可分为抗风树种、抗烟害和有毒气体树种、抗粉尘树种、卫生保健树种等四类。按适应土壤因子不同可分为喜酸树种、耐碱性树种、耐瘠薄和海岸树种等（详见本书第八章）。

1.景观

景观是具有明显的视觉形态和功能相联系的地理实体，是由不同的土地空间镶嵌组成的，是人类和生物的生存环境，具有异质性、尺度性，并具有经济、生态、文化多重价值。景观有狭义和广义两种，狭义景观即人们通常所指的宏观景观，是指在几十千米至几百千米范围内，由不同类型生态系统所组成的具有重复性和异质性的地理单元；广义景观包括出现在从微观到宏观不同尺度上的具有异质性或缀块性的空间单元。广义景观概念强调空间异质性，景观的绝对空间尺度随研究对象、方法和目的而变化，体现了生态学系统中多尺度和等级结构的特征。

2.生态景观

生态景观是用生态学原理和方法，以人、建筑、自然和社会协调发展为目标，以倡导发展可持续思想为目的，综合运用科学技术与美学艺术而创造的社会、经济、自然复合生态系统的多维景观，包括地理格局、水文过程、生物活力、人类影响和美学上的和谐程度。由于生态学的引入，景观设计不再停留在花园设计的狭小天地，它开始介入更为广泛的环境设计领域，越来越多的景观设计师在设计中遵循生态的原则，创造生态景观。可以这么说，生态景观源于对自然和环境的深刻认识，是人与自然界各种要素和资源之间相互联系的科学结晶。

3.植物景观

植物景观是自然界的植被、植物群落、植物个体所表现的形象，通过人们的感官传到大脑皮质，产生一种实在的美的感受和联想。植物景观也包括人工的（即运用植物题材来创作的）景观。可见植物景观其着重点不在宏观的大尺度的景观，而是更倾向于景象或景致的概念。

4.园林树木景观

园林树木景观是植物景观的一种，就是运用乔木、灌木、木质藤本等植物题材，通过园林、造景、园艺等艺术手法，充分发挥植物的形体、线条、色彩等自然美，或者通过树木的整形修剪等艺术加工，使之形成具有一定几何特征的形体。也就是在人居环境中进行树木的再创造，即按照植物生态学原理、艺术构图和环境保护要求，进行合理配植，创造各种优美、实用的园林景观，以充分发挥综合功能和作用，尤其是生态效益，创造花团锦簇的优美环境，使人居自然环境得以改善。

园林树木景观，是指有生命的树木景观，它包含自然界的树木景观、树木群落景观、树木个体所表现的形象景观，也包括在室内外运用树木题材，人工创作的美丽景观形象。园林树木景观是宏观的大尺度的景观，是以木本植物为主体，着重运用园林树木等为主要题材，配合部分花灌木和草花的景观。园林树木景观具有主体休闲和生活价值，是人们各种心理欲望的一种重要归属物，例如审美的需要、摆设的需要、修身养性的需要、心灵寄托的需要，等等。可以说园林树木景观是人类智慧与灵感交汇的集结载体，更是人们生活素养提高的精神消费物。

三 园林树木景观的功能作用及表现形式

1.园林树木景观的功能作用

园林树木景观突出的功能是美化环境、净化空气、维护人居生活环境、促进人们身心健康、陶冶情操、展现民族历史文化，在度假居住、观光休闲、体验养生市场中发挥着很大的作用。

（1）美化生活环境　在城市中有大量的楼房，其轮廓生硬挺直，而园林树木景观却是柔和的软质景观，两者配合得当，便能柔和建筑群体的轮廓线，形成美丽的城市景观（图1-20）。此外，山地、公园、风景区的大量绿色树木景观和滨海、沿江的园林树木景观带，以及道路旁优美的树林景观，既衬托了建筑艺术效果，也形成了园林街和绿色走廊，这使得生活在闹市中的居民在行走中便能观赏街景，享受美丽的生活环境。

（2）陶冶情操　园林树木景观不仅可以美化城市，还可以陶冶情操。城市园林绿化是以树木为主体，用美丽的形态、灿烂的色彩、浓郁的香气、神妙的风韵，创造出的多功能人工树木群落，构成人在景中、景融于生活的富有自然情趣和艺术魅力的意境。

公园、小游园和一些公共设施的专用绿地中，都是园林树木景观丰富的场所，在公共绿地中可经常开展群众性活动，使人们在集体活动中增进友谊。人们在优美的自然环境中交流思想感情，互相帮助，有利于促进社会安定团结。

园林树木还能吸收强光中的紫外线，减少反光，对人们的眼睛极为有利。据测定，人在绿色园林树木环境中脉搏次数比在城市空地中每分钟减少4~8次，有的甚至减少14~18次。当人们从喧闹场所，来到这种幽静的绿色树木环境时，人脑可从刺激性压抑中解脱出来，从而解除疲劳。

园林树木艺术性的配植，产生了色彩、高低和层次变化，还有一年中的季相变化等，都能陶冶情操（图1-21）。例如传统的松、竹、梅配植景观，谓之岁寒三友；苏轼的"宁可食无肉，不可居无竹"表达了诗人高雅的品位和高尚的气节；桂花在李清照心目中更为高雅，"暗淡轻黄体性柔，情疏迹远只香留"。

图1-20　美丽的城市小区居住景观

（3）维护人类生存环境　树木景观可以调节气候、净化空气、防风降噪、防灾避难等。

① 调节气候　园林树木有茂密

图1-21　园林中孝顺竹艺术性的配植，可以陶冶情操

的枝叶可以遮挡阳光、吸收太阳的辐射热，通过它本身的蒸腾和光合作用消耗许多热量，因而能降低小环境内的气温。据测定，盛夏树荫下的气温比裸地气温低3~5℃。

在冬季，常绿的树木可以阻挡寒风袭击和延缓散热，从而可以提高该环境的温度。树木多的绿地中风速小，大大改善了城市小气候。

城市道路和滨河等园林树木的绿带景观都是城市的通风渠道。例如绿带树木景观与该地区夏季的主导风向一致，可以将城市郊区的气流引入城市中心地区，大大改善市区的通风条件。如果常绿的林带垂直于冬季的寒风方向，可以大大降低冬季寒风、沙尘对市区的为害。

② 净化空气　绿色树木不断地进行光合作用，消耗二氧化碳并制造氧气。不同的树种，其光合作用的强度是不同的。一般来说，阔叶树种吸收CO_2的能力强于针叶树种。如果人们的生活环境中有足够的园林树木，则不仅可以维持空气中的氧和二氧化碳的平衡，而且会使环境得到多方面的改善。据统计，$1hm^2$阔叶林，在生长季节每天能制造氧气730kg，消耗二氧化碳1000kg。因而人们把园林树木和其他绿色植物比喻为"城市的肺脏"。

园林树木可以阻滞烟尘，从而减少疾病的来源。当含尘量大的气流通过树林时，随着风速的降低，空气中颗粒较大的粉尘会迅速下降。另外，有些树木的表皮长有绒毛或者能够分泌出油脂，它们能把粉尘粘在身上，从而使经过树林的气流含尘量大大降低。不同树种的滞尘能力不同。一般来说，树冠浓密、叶面粗糙或多毛树种多有较强的滞尘能力。如杨树、榆树、朴树、木槿、刺楸等。据上海园林局测定，女贞、泡桐、刺槐、大叶黄杨等都有较强的吸氟能力，构树、

合欢、紫荆、木槿具有较强的抗氯、吸收氯气能力。因此，园林树木又被人们称为"绿色的过滤器"。

许多园林树木在生长过程中会分泌出杀菌素，杀死由粉尘带来的各种病原菌。例如，桦木、桉树、梧桐、冷杉、毛白杨、臭椿、核桃、白蜡等绿色树木都有很好的杀菌作用。各类林地的减菌作用不一样，松树林、柏树林及樟树林减菌能力较强，可能与它们的叶子能散发出某些挥发性物质有关。因此，绿色树木景观被人们称为"绿色的杀菌器"。可见园林树木景观对环境卫生起到了积极作用，故把园林绿化称为城市的"净化器"。

③ 防风降噪　大风可以增加土壤水分的蒸发，降低土壤的水分含量，造成土壤风蚀，严重时形成的沙暴可埋没城镇和农田。"要想风沙住，就要多栽树"，防风固沙的有效办法就是植树造林、设置防护林带，以降低风速，阻滞风沙的侵蚀迁移。另外，城镇周围的防风林带，可降低台风的影响。据测定，城郊防风林冬季可以降低风速20%，夏秋可以降低风速50%～80%。

此外，绿色园林树木对声波有散射、吸收作用。如40m宽的林带可以降低噪声10～15dB；高6～7m的绿带平均能减低噪声10～13dB；一条宽10m的绿带可降低噪声20%～30%。据计算，乔木的叶面积是所占地面面积的20～75倍；灌木和草的叶面积是所占地面面积的5～10倍。绿色植物的叶面积系数越大，吸收、传递、反射的功能越大，保护、改善环境的作用也越大。所以应按照生态学的原理设计多层次的园林树木景观。

④ 净化水土　城市中的工矿业、加工业和生活污水均可污染水质。有些植物可以吸收水中的有毒物质而在体内富集起来。因此，水中的有毒物质含量降低，污水得到净化。在低浓度下，植物在吸收有毒物质后，有些植物可在体内将有毒物质分解，并转化成无毒物质。园林树木参差的树冠和枝叶能拦截阻滞雨水，减缓阵雨的强度，可以有效地防止水土流失，以涵养水源。人们常说的"山清水秀""青山绿水"就是这个道理。

⑤ 防灾避难　园林中的树木景观还能防灾避难，保护城市人民生命财产的安全。园林植物具有盘根错节的根系，长在山坡上具有防止水土流失的作用。

自然降雨时，将有15%～40%水量被树冠截留或蒸发，占50%～80%的水量被林地上厚而松的枯枝落叶层吸收，并逐渐渗入土壤中，形成地下径流，起到紧固土壤、固定沙土石砾、防止水土流失、防止山塌岸毁、保护自然景观的作用。在战争时期，园林树木还能阻挡弹片的飞散，对重要建筑、军事设施起隐蔽作用。

（4）展现社会历史文化　随着社会科学文化的发展以及人们审美能力的提高，自然绿化逐渐被人文化，从而创造出了人文绿化的新的艺术境界。园林中的树木景观与山水、建筑景观形成了一种独特的生态、生活、社会环境，它是人类基于自然的一种综合性的美的境界的创造，是人类物质文明与精神文明的综合体现。

在园林中不仅有造型优美的建筑和雕塑，而且有丰富多彩的有生命的树木。这种审美享受和共鸣与文学艺术有共性，但它比纯文字化、线条化更具有现实价值，更具有物质性与空间效果。

例如，桃花在民间象征幸福、交好运；翠柳依依，表示惜别及报春；桑和梓表示家乡等。我国各族人民常用树木来表示自己的某种感情，例如，山西洪洞大槐树，有诗作"本本水源流泽长，依依杨柳认村庄。行人还里前踪记，遗爱深情比召棠"，每年清明节都有大批移民后裔前往认祖寻根。云南彝族人每年农历二月初八，将马缨花插在门口、窗户及房子周围以欢度插花节。傣族人在庭园中种植香露兜树，表示家中有少女或少妇。白族将滇朴、黄连木、合欢、栗树等作为神树，傣族也将菩提树作为神的象征，等等。图1-22所示为令人陶醉数千年的古老柏树。

图1-22　令人陶醉数千年的古老柏树

总之，最重要的是园林树木景观对人类生存的环境所起到的重大的生态效益，这是任何其他事物都做不到的，也是任何其他事物都不能代替的。

2.园林树木景观的表现形式

园林树木可以表现各种景观，例如，主景、配景、对景、框景、漏景、夹景、添景、分景、标志景、借景，等等。

（1）主景　园林中的主景也称中景，是园林空间中的主要景观。主景位于全园空间构图中心，是全园的视线焦点、重心和核心，在园林中最能体现功能，在艺术上又富有很强的感染力。因此，主景在园林绿地中能起到控制景观全局的作用。在园林绿地中有全园的主景，而在园林绿地的某个局部空间中也有局部空间的主景。创造主景的方法很多，例如：使用大体量的树木；或者将环境路面降低或升高，从而使人的视点降低或升高；或者将它栽植在轴线的端点、交点上，或视线的焦点上（图1-23）；或者在构图中心上设置树木景观等。

（2）配景　处在园林主体景观的前面或后面的景致称为配景。配景有前景和背景之分。处在主景前面的景致为前景，它起着丰富主体景观的作用；处在主景背后的景致称为背景，它一般较简洁、朴素，起着烘托主体景观的作用（图1-24）。游人在园林中欣赏主景是多角度的，当游人处在主景附近欣赏各个配景时，各个配景又成为主要欣赏对象了。所以园林中的主景和配景是相辅相成、相得益彰的。例如，在园林中，虽然绿色植物占主导地位，但是对建筑来说，绝大部分的树木处于从属地位，园林中的建筑为主体，而大部分树木材料主要用来创造配景，以烘托主体建筑，丰富主体景观。当然在具体的园林绿地空间中，也可以利用园林树木为材料创造配景。对于主景树木来说，其周围低矮的树木为配景。例如广阔的草坪边缘种几丛花灌木，则草坪就形成了主

图1-23 庭院中四季常绿的桂花树，处于视线的焦点上，创造了该庭院空间的主景

图1-24 一对可爱的熊猫雕塑形成主体，其前面的凤尾竹和山石作为配景或添景，而后面简洁、朴素的常绿树丛为背景，起着烘托主体景观的作用

图1-25 位于道路轴线两旁对称布置的栾树景观，创造了轴线端头的对景雕塑

景，而花灌木则成了大草坪的配景。

（3）对景 在规则式园林中，按照一定的轴线关系把两株、两丛或两列树木对称栽植起来便形成了对景（图1-25）。位于园林轴线或风景视线端点的景也称为对景，有正对景和互对景两种形式。正对景是在对称轴线端点或对称轴的两侧设的景，具有雄伟、严整、气势恢宏的艺术效果，多在规则式园林中使用（图1-26）；互对景是在风景视线的两端同时设立两处景观，使之互成对景，具有柔和的自然美的效果。互对景无需有严格的轴线，可以正对，也可以偏离，但是它们只要互成视线焦点即可，多用在自然式园林绿地中。

（4）框景 框景是在园林中用门、窗、树木、墙洞、山石等作为景框，来获取另一个空间优美景色而形成的景观。框景的主要目的是把人的视线引到景框之内来赏景，故称框景。框景将建筑及其他小品，统一于景框之中，可得到独特的观赏效果，给人以强烈的艺术感染力（图1-27）。在园林绿地中，也可将密封的常绿高篱修剪出通透性的窗框或门洞，透过其框可以观赏到另一园林绿地空间的景色，从而丰富园林景观的层次（图1-28）。

（5）漏景 漏景是框景的进一步发展，是用漏窗、花墙、漏屏风、疏林树干等作前景，与远处景观并行排列形成的景观。漏景含而不露，景色柔和，若隐若现（图1-29、图1-30）。

（6）夹景 把轴线两侧贫乏的景观用树丛或树列、山体或建筑

图1-26 道路轴线两旁的花坛树木形成正对景，具有雄伟、严整、气势恢宏的艺术效果

图1-27 窗框选取了园林空间的竹丛、湖石等，形成了一幅美丽框景，也是邻借的一种手法

图1-28 四个绿色景框和花球，形成了一幅组合框景

作为屏障，从而形成狭长的空间，位于狭长轴线空间端部的景观称为夹景，也称通景。夹景即是运用透视线、轴线突出对景的方法之一。夹景起着隐陋、扬美的作用，同时增加了整个园林绿地空间的深远感。如在园林中用严密的行道树绿化，来突出道路端头或交叉口的花坛和雕塑等（图1-31）。

（7）添景　为了使主景更富有层次，可在主景旁添加一些花草或山石等景色，这些另加的景色称为添景，也就是主景旁的附属景色，起到突出主景的作用（图1-32）。例如在园林主体建筑前，常种植姿态优美的园林树木作为添景。

图1-29 以毛竹丛作前景，与背后的建筑景观相并行，形成了柔和的漏景

图1-31 水渠两侧绿色树林构成了绿色屏障，形成了狭长的轴线空间，其喷泉和端部的雕塑即形成美丽生动的夹景或对景

图1-30 树干作为前景，与远处古城墙并行排列，形成了含而不露的漏景画面

图1-32 孝顺竹丛主景前面的花草、湖石等形成了添景，使主景具有丰富的层次感

图1-33　用水杉和常绿树墙来分隔园林空间的分景

（8）分景　分隔园林空间、隔断视线的景物称为分景，也就是将园林绿地分隔为若干空间的景物（图1-33、图1-34）。分景可用园林树木景观（如花廊、花架、花墙、疏林）进行虚隔，也可用树墙、实墙、山石、建筑等进行实隔，以避免各景区游人相互干扰，丰富园景，使各个景区富有特色，具有深远莫测的效果。分景可用于创造园中园、岛中岛、水中水、景中景，使园景虚实变换，富有层次感。分景有障景、隔景之分。

①障景　也称抑景，在园林中起着抑制游人视线的作用，是引导游人转变方向的屏障景物。它能欲扬先抑，增强园林空间景物的感染力。障景有树丛或树群障、山石障、院落障、影壁障等形式。

②隔景　就是将绿地分隔为若干个空间的景物，既可实隔，又可虚隔，以丰富景观或使风景更富有特色，具有更强的艺术感染力。园林绿地中可用花墙、花窗、花架、高篱等作为隔景。

（9）标志景　能收回人们视线的景观称为标志景，例如某地域或某一场所突出的标志树景观或道路旁最突出部位的孤立树等（图1-35）。

（10）借景　把园林外面的景观借入园内观赏的称为借景。借景是中国传统造园的手法，也是小中见大的园林空间处理手法之一。借景把能够看到的园外景色有意识地组织到园内来，使之成为园景的一部分，园景也是园外之对景。借景起着扩大园林空间、丰富园林景观的作用。

图1-34 用木质藤本凌霄花墙作为庭院内外隔景，既丰富了景观，又具有更强的艺术感染力

图1-35 著名的黄山松，创造了标志树景观

借景的方式有远借、邻借、仰借、俯借、因时而借等。远借，是把远处的景观借为本园所有（图1-36）。邻借，是借园外的近处景物。另外，上述的对景、框景大都是邻借的手法。仰借，是利用仰视的角度借取高处景物（图1-37），园林上空的碧空白云、皓月明星、飞鸟翔空等即为此意。俯借，是居高临下俯视低处景物（图1-38），如凭栏静观池中倒影。因时而借，是借一年四季中春、夏、秋、冬等景色的变化，如春花、夏荫、秋叶、冬雪、雨打芭蕉等都为此意。

图1-36　在拱桥下，远借山上的古塔和树木景观

图1-37　在山下，仰借山上园林树木景观
中的古建筑群

图1-38　视点居高临下，俯借低处公园中的
园林树木景观

第二章

园林树木景观设计基础知识

园林树木景观设计者和园林绿化工作者，必须具备园林树木景观设计的基础知识，工作才能得心应手，创造出优秀的园林绿化作品。本章重点叙述园林树木景观设计的基本原则、艺术构图原理、设计意境表达、空间组织和园林树木设计图的基本知识等。

一 园林树木景观设计的原则

1. 满足绿地性质和功能的要求

园林树木景观设计，首先要明确绿地性质，满足使用功能的要求。如城市道路的树木景观，要求遮阳、吸尘、降低噪声、组织交通；工厂的树木景观要保证生产安全、利于职工休息；烈士陵园的树木景观要注意纪念性意境的创造等。

2. 与园林绿地总体布局相一致

任何园林树木景观都不是孤立存在的，而是处在大环境之下，受到总体规划控制。在规则式园林绿地中，多用对植、行列植的树木景观，如在大门、主干道、规整形广场、大型建筑物附近，多用规则式设计。在大环境为自然式的园林绿地中，则多运用树木的自然姿态进行自然式造景，例如在自然山水园的草坪、水池边缘，多采用自然式的造景。在平面上应注意植物配置的疏密和轮廓线；在竖向上要注意树冠轮廓线；在树林中要注意透视线。总之，要有树木景观的总体大小、远近、高低层次效果。优美的园林树木景观之间是相辅相成的，其构图要有乔木、灌木、草本植物缓慢过渡，相互间又要形成对比，以利于观赏。

3. 因地制宜地选择树木种类

各种树木都有各自要求的生态环境条件，因地制宜地选择植物种类，可使植物本身的生态习性和栽植地点的环境条件基本一致。如街道树木景观要选择易活、适应城市交通环境、耐修剪、抗烟尘、主干高、枝叶茂密、生长快的树种；山体上园林树木景观要选择耐旱且有利于衬托山景的树种；水边园林树木景观要选择耐水湿的树种，且要与水景相协调；等等。

4. 创造科学合理的树木生态景观

生态系统的物质运动是通过生物与环境进行物质、能量、信息交换来实现的。地球上的生命过程：植物是生产者，动物是消费者，微生物是分解者。地球上生命的源泉是碳循环、氧循环及氮、硫、磷、钙、铁等物质和能量的循环。园林树木景观设计应考虑加速这一系列的良性循环，而不是阻碍这些循环。树木的密度大小直接影响绿化景观和绿地功能的发挥，树木景观设计应以成年树冠大小作为株行距的最佳设计，但也要注意近期效果和远期效果相结合。采用速生树与慢长树、常绿树与落叶树、乔木与灌木相互搭配，可在满足生态条件的基础上创造出复层绿化景观。

二 园林树木景观设计的艺术构图原理

园林树木景观设计的艺术构图，是以自然为特征的环境空间设计，对象来自自然，效法自然，高于自然，既具有自然的生境，又具有艺术的意境，如此才能达到"虽由人作，宛自天开"的效果。园林树木景观具有四维空间的构造、季节变化的表现、丰富的文化内涵和形式美法则的应用。形式美法则主要包括统一与变化、调和与对比、比例与尺度、均衡与稳定、比拟与联想、韵律与节奏等法则。

1.统一与变化

统一与变化是形式美的总法则，又称多样与统一的原则。统一，是找出各因素之间的内在联系、共同点或共有特征，通过均衡、调和、秩序等形式达成和谐。变化，是强调各因素之间的差异性或个性，通常采用对比的手段造成视觉上的跳跃。过于统一，会使人感到平铺直叙，没有变化，单调呆板；变化太多，整体就会显得杂乱无章，甚至一些局部让人感觉支离破碎，失去美感。大自然中树木群体景观是长期受风、云、雨、雪、雷电等自然条件雕琢的结果，因此它们是有变化但又是统一的（图2-1）。变化与统一完美结合，是设计最根本的要求（图2-2）。园林树木种类非常丰富，在体形、体量、色彩、线条、形式、风格等方面各有不同，显示了树木的多样性；但在造型等方面又需要有一定程度的相似性和内在联系，给人带来统一感。如道路绿带中的行道树，等距离配植同种同龄乔木树种，这种精确的重复最具有统一感，而在乔木下配植同种、同龄花灌木，则形成了统一中的变化。在规则式的园林中，树木布置要和附属建筑一样，左右对称布置，主要道路旁的树木也依轴线成行或对称排列，或者将树木修剪成几何型，如此便创造了统一和谐的风格。在自然式的园林中，树木布置要高低错落、自然有致，这样便创造了自然和谐的风格，其中多种树木的色彩对比又创造了热烈欢乐的园林气氛。

园林树木景观设计要综合考虑时间、环境、树木种类及其生态条件的不同，使丰富的树木色彩随着季节的变化交替出现在各个分区，以突出各季节的树木景观特色，使园林树木在统一的季节中又有色相的变化（图2-3）。例如观花和观叶的树木相结合：到秋季红叶的红枫、紫叶李以及变黄叶的银杏等和观花树木组合可延长观赏期，同时这些观叶树也可作为主景放在显要位置上，形成观叶为主的统一中的变化。总之，园林树木景观要避免单调和雷同，应春季繁花似锦，夏季绿树成荫，秋季叶色多变，冬季银装素裹，创造统一中又有变化的特色。

图2-1 大自然中天然的树林和地被群体呈现的和谐景观

图2-2 庭院的大门和围墙景观

竹竿材料制作的围墙，前面点缀了几株翠竹，此景观具有内在本质的统一，又有无生命的褐色竹材和有生命的绿色翠竹的对比

图2-3 秋天火红的树木景观与绿色草坪形成了统一与变化的大地景观

2.调和与对比

调和与对比是比较心理学的产物，即充分利用要素之间存在的差异和矛盾加以组合，以取得相互比较、相辅相成的呼应关系。调和是找出要素相互之间的近似性和一致性，体现调和会使人感受到柔和、平静、舒适和愉悦；对比是强调个性、差异性，采用差异和变化的手法，可产生对比的效果，热烈奔放，具有强烈的刺激感。为了烘托或突出暗色景物，常用明色、暖色的树木作背景，反之相反。

调和与对比被广泛地应用在园林树木景观设计中（图2-4～图2-6）。例如，万绿丛中一点红，一枝红杏出墙来，就是强调对比。常绿阔叶树为基调的树林，配植枫香、乌桕，形成深绿色与红色、黄色强烈的对比，更加突出秋天动人的景观。在绿林空地中或林缘配植一丛秋色或春色为黄色的乔木或灌木（如桦木、无患子、银杏、黄刺玫、棣棠或金丝桃等），即可产生明显的对比。例如南京中山陵主道两侧用高大的雪松烘托了高大雄伟庄严的山体陵墓建筑，显得相互调和。在一些粗糙质地的建筑墙面可用爬山虎等植物来美化；在建筑廊柱相邻的小庭院中栽植竹类，竹竿与廊柱在线条上极为协调；在小比例的空间中，选用矮小的园林树木来搭配都比较协调；在庞大的立交桥附近的树木景观，宜采用大片色彩鲜艳的花灌木组成大色块，方能与之在气势上相协调。

图2-4 大面积绿色草坪与红叶漆树形成明显的色彩对比

图2-5 常绿阔叶树作为基调背景树，以紫玉兰花和紫薇花为前景树，形成了深绿色与紫红色的对比

图2-6　白桦的树皮在绿色草皮的衬托下显得更加鲜明，但是整体树木植株又都
统一在绿色的基调中，显得非常和谐

3.比例与尺度

比例，一般只反映景物各组成部分间的相对数比关系，不涉及具体的尺寸，所以比例要求的是形状、结构、功能的和谐。景物本身、景物与景物、景物与总体之间都有内在的长、宽、高的大小关系，也就是形体、体量、空间大小的关系，这种大小关系即为比例。例如树木本身的冠幅与高的比例不同，给人的感觉也不同，如：1：1具有端正感；1：1.68又称黄金比例，具有稳健感；1：1.414具有豪华感；1：1.732具有轻松感；1：2具有俊俏感；1：2.236具有向上感（图2-7）；等等。

尺度，既可以调节景物的相互关系，又可以让人产生错觉，从而产生特殊的艺术效果。景物的整体或局部大小与人体高矮、人体活动空间大小的度量关系，就是人们常见的某些特定标准之间的大小关系。而尺度则是指各景物要素给人感觉上的大小与真实大小之间的关系。因此，可以说尺度是景物和人之间发生关系的产物，凡是与人有关的物品或环境空间都有尺度问题。引用某些为人所熟悉的景物作为尺度标准，来确定群体景物的相互关系，从而可得出合乎尺度规律的景观感受。例如道路广场中的空间尺度有夸大、适中和亲切三种类型。在大尺度广场空间里赏景，会有雄伟、壮观之感；在习惯大小的空间里赏景，会感到自然、舒适；在小于习惯尺度空间里赏景，会有亲切、趣味感（图2-8）。

人们的习惯与物体的功能决定物体的比例与尺度，比例与尺度要满足一定的园林功能及性质要求，树木景观配置应以自然景观为依据，大小适度，主次分明。

图2-7 组合树木景观中的蜀桧的高度与冠幅之比大于2，因此具有向上感

图2-8 在比较小的庭院空间里，采用小型灌木绣球花配植，具有亲切和趣味感

4.均衡与稳定

均衡是存在于景物之中的普遍规律,是景物一部分与另一部分相对的关系。均衡有明显的"均衡中心",受"均衡中心"控制。均衡有两种形式:一是对称均衡,二是不对称均衡。对称均衡有明确的轴线,景物在轴线两边完全对称布置。不对称均衡无明显的轴线,但根据功能、地形不同景物自然布局,在路线前进方向求平衡,或在无形的轴线两边求平衡,此种景观较活泼自然,具有亲切感。

稳定即景物本身上下或者两景物的相对关系,受地心引力控制。从体量上看,上小下大的景物给人稳定感(图2-9);从重量来看,上面轻、下面重就显得较稳定(图2-10);从质感上看,景物上方细致,下方粗犷,显得较稳定。树木景观都是由一定体量和品种组成的实体,这种实体会给人们一定的体量感、重量感和质感。人们在习惯上要求树木景观完整,在力学上要求感受到均衡、稳定。园林树木景观的虚实、色彩、品种、线条、体形、数量都会给人带来不同的均衡、稳定感,所以树木景观的均衡、稳定就会给游人带来力量、统一和安定感。将体量、质地各异的树木按均衡与稳定的原则配植,景观就显得稳定、调和。如色彩浓重、体量庞大、数量繁多、质地粗厚、枝叶茂密的树木种类,给人以稳定的感觉;相反,色彩素淡、体量小巧、数量简少、质地细柔、枝叶疏朗的树木种类,则给人以轻盈的感觉。采用规则式配植树木景观,常用于庄严的园林或雄伟的皇家园林中。如门前两旁配植对称的两株桂花;楼前配植左右对称的南洋杉、龙爪槐等;陵墓前的主路两侧配植对称的松柏等。自然式的树木配置常用于庭院、花园、公园、植物园、风景区等较自然的环境中。例如,一条蜿蜒曲折的园路两旁,路右边若种植一棵高大的雪松,则邻近的左侧须植以数量较多、单株体量较小、成丛的花灌木,以求均衡。

图2-9 色彩浓绿的常绿圆锥树形,基础又被常绿的绿篱衬托,给人以稳定的感觉

图2-10 乔木下的石质座凳赋予景观稳定感

5.比拟与联想

比拟是中国的传统艺术手法，或托物言志，或借景抒情，使客观外物与作者的主观情思融为一体，使情与景、天与人达到高度的融合统一，通过比拟形象，可激起人们的感情，使其产生联想，发生共鸣，获得审美享受，达到陶情冶性、愉悦身心的目的。例如，以松树来比拟坚强不屈；以竹子来比拟虚心高节；以梅花来比拟纯洁坚贞；以玫瑰来比拟爱情和青春活力；等等。

图2-11 以常绿树为背景的白求恩雕像，使人们联想到抗日战争时期共产主义战士的英雄形象

联想是一种形象思维方法，由此一形象到彼一形象，此与彼具有一种相似的特征，或凭知觉器官赋予一种相似的特征，从而激起更多、更广的感情（图2-11、图2-12）。所以，联想是一种创造性的思维，一个比拟好的设计，都产生于联想之中，不经联想，则用不上比拟，也创造不出比拟的形象。如自然界中的不同树木代表了不同的性格和特征：以松、竹、梅象征"岁寒三友"；以梅、兰、竹、菊象征"四君子"；以桂花象征高雅；以桃花象征幸福、好运；等等。古代造园家多用这些来抒发情志，显示创造景观的主题，现代则以此启迪人们的心灵，达到触景生情、情景交融、寓教于乐的精神享受。

图2-12 校园环境中采用桃树和李树绿化，会使人们联想到桃李满天下的意境

6.韵律与节奏

韵律与节奏为音乐术语，即声音有规律地重复和变化。在树木景观设计中，把听觉的艺术效果转移到视觉的艺术效果上来，则指某种树木或某一组树木有规律地重复、有组织地变化（图2-13）。在节奏的基础上，赋予一定情调的音乐色彩，便形成韵律。例如在城市道路绿化树木景观中，乔木与灌木有规律地搭配种植，产生体形、花色、高矮及季节变化的韵律。

图2-13 道路旁等距离的龙柏、樱花、海桐树球在配植中有规律地变化，便产生了有节奏的韵律感

三 园林树木景观设计意境表达

在优美的自然空间基础上，利用树木的象征和题咏相结合的物象芳华、季相节律、情感比兴等文化手法创造园林树木景观，可使观赏者产生想象的思维空间，从而达到意境间的有机结合。

1. 物象芳华

园林树木的物象是中华民族文化一大审美特色。园林树木的姿态、线条，或柔或朴，都可体现中国传统诗文绘画的含蓄之美（图2-14、图2-15）。姿形奇特、冠层分明的松柏，悬崖破壁，昂首蓝天；枝繁叶茂、盘根错节的杜鹃，穿石钻缝，花若云锦；攀岩附石的藤木，满目青翠，一派生机。

园林树木所表现的形象通过人们的感官，可以产生一种实在的美感和联想。例如湖畔、水边池杉景观的姿态和色彩可使水景增加很多层次；再如起伏平缓、线条圆滑的土山上，因为有了园林树木，而改变了人们对地形外貌的感受。

从各种园林树木具有的景观特性出发，可以创造很多优美、长效的景观。园林花木色彩丰富，有的品种在一年中或者开花，或者结果，都特别有景观价值。季相彩叶树也是园林树木景观中数量类型最为繁多、色彩谱系最为丰富、生态景象最为显著、选择应用最为广泛的资源。如银杏，仅在秋季叶子橙黄色时十分显眼。紫荆，在春季枝条及树干在叶芽开放前均被紫色花所覆盖，给人留下深刻的印象。七叶树，春花和秋季的黄色树冠均富有景观价值；忍冬，在初夏盛开大量黄色花，秋季结橙红色果。

图2-14 榆叶梅的意境表达，繁花似锦，一派生机

图2-15 月季花的意境表达，枝繁叶茂，繁花似锦

2.季相节律

园林树木景观设计应在花色、花期、花型、树冠形状、高度、寿命和生长势等方面相互协调。如木绣球前可植美人蕉，樱花树下配万寿菊和偃柏，可达到三季有花、四季常青的效果。园林树木景观艺术构图具备季相变化的特点，随着风、云、雨、雪、雾的变化更显得景观丰富多彩。白天日光，夜晚月色，朝晖晚霞等大自然的变化，都会给人们带来精神上的享受。季相节律在增强景观效果的审美情趣中，具有突出的视觉功能（图2-16~图2-19），例如：

春时：梅呈人艳，柳破金芽，海棠红媚，兰瑞芳夸，梨梢月浸，桃浪风斜。树头蜂抱花须，香径蝶迷林下。一庭新色，遍地繁华。

夏日：榴花烘天，葵心倾日，荷盖摇风，杨花舞雪，乔木郁蓊，群葩敛实。箪清三径之凉，槐荫两阶之灿；紫燕点波，锦鳞跃浪。

秋令：金风播爽，云中桂子，月下梧桐，篱边丛菊，沼上芙蓉，霞升枫柏，雪泛荻芦。晚花尚留冻蝶，短砌犹噪寒蝉。彩色叶树种的主流色系有红、黄两大类别，树种类型较丰富。秋叶金黄的著名树种有金钱松、银杏、无患子、七叶树、马褂木、杨树、柳树、槐树、石榴等。秋叶由橙黄色转赭红色的树种主要有水杉、池杉、落羽杉等。秋叶红艳的树种有榉树、乌桕、丝棉木、重阳木、枫香、漆树、槭树、栎树等。

冬至：于群芳摇落之时，而我圃不谢之花，尚有枇杷累玉，蜡瓣舒香，茶苞含五色之葩，月季呈四时之丽，檐前碧草，窗外松筠，怡情适志。

图2-16　春天的迎春花

图2-17　夏天的石榴花

图2-18 秋天的枫叶

图2-19 冬季的蜡梅

3. 情感比兴

在我国古代文化中，有很多诗词及习俗，都留下了赋予园林树木人格化的优美篇章。从欣赏树木形态美到升华到意境美，不但意义深远，而且达到了天人合一的境界（图2-20、图2-21）。由于我国传统文化对于园林艺术的影响，以树木"比德"，带有强烈的个人感情色彩。我国古代园林中许多景观的创造都与树木有直接或间接的联系。如"万壑松风""松壑清月""梨花伴月"等都以花木作为景观的主题而命名，并且随春夏秋冬等时令交接，阴雪雨晴等气候变化，形成不同的景观空间意境。再如窗外花树一角，即折枝尺幅，庭中古树三五，可参天百丈，意境的表达趋于简洁明了。情感比兴在表现园林整体美中起主导与协调作用。

根据传统文化的内涵，红如火的石榴花、映红天的火焰花、花开似红云的凤凰木，具有热烈、喜庆、奔放之意，视觉刺激性较强，为好动的年轻人所偏爱。紫藤、紫丁香、紫花泡桐、阴绣球等花开似紫色的花海，给人以深远、清凉、宁静的感觉；紫叶桃、紫叶李，在色彩上红白相映，具有桃李满天下的含义，最受中老年人欢迎。

图2-20 桃花在民间象征幸福、好运

图2-21 梅花傲寒俊俏，喜欢漫天雪

（四）园林树木景观的空间组织

完整的园林要有主题和功能相适应的空间。以树木为主体的绿色植物和山水、建筑等要素所创造的空间应主次分明、转折适当、有分有隔、搭配合理，如此才能形成完整的序列。

1.空间转折

在规则式园林中通过主副轴线的交点，以急转的树木形象来表现空间转折（图2-22）。在自然式园林中，通过弯曲导游线旁的树木景观或花廊、花架的过渡，以宛转的形式表现转折（图2-23）。

2.空间分隔

园林空间分隔有虚分、实分两种。当两个空间功能相同或相近时，则可采用疏林、花廊、花架等景观进行虚分，这样可以使两个空间的景观具有互相渗透借鉴的效果（图2-24）。如果两个园林空间功能不同，则可用密林、绿墙、常绿高绿篱等景观进行实分，这样可以避免两个空间互相干扰（图2-25）。

图2-22 道路转折处点缀的石松，突出转角景观的变换

图2-23 在自然式园林中，通过弯曲导游线旁的树木景观的过渡，以宛转的形式表现转折

图2-24 两个园林空间功能相近，采用花墙和木质藤本创造虚分景观

图2-25 两个园林空间功能不同，采用绿墙、常绿高绿篱景观进行实分

3. 空间搭配

园林中视景空间的基本类型有静态空间、动态空间、开敞空间、闭合空间、纵深空间等，根据各空间功能不同，可创造动静结合、开闭结合、纵深穿插等不同的空间景观（图2-26～图2-28）。

图2-26 根据安静休息功能的需要，创造了四周高篱的静态空间景观

图2-27 大树形成的覆盖式休息空间

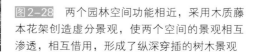

图2-28 两个园林空间功能相近，采用木质藤本花架创造虚分景观，使两个空间的景观相互渗透，相互借用，形成了纵深穿插的树木景观

4.空间层次

设计者要善于利用具有季相变化的各种树木、自然山水地形创造作品，不仅要求平面构图、立面构图，而且要求空间和时间的综合，也就是四维空间的综合。就垂直空间而言，在地面预想层次加厚，可采用乔木、灌木、花卉结合。若在其间再实行高矮地被、草坪、花卉套种，就能进一步加厚不同高度起伏的层次。在建筑的平台、阳台、屋顶、墙面、花棚架等处，可种植藤本花木及培育盆景，在屋顶还可以建造屋顶花园等，可见增加建筑体的空间利用层次具有极大的潜力（图2-29、图2-30）。多层次利用空间，除垂直分布层次外，还存在着密度和配置方式问题，当层次很多时，通常降低密度或采用宽窄行种植等形式，以协调树木对光照等资源利用的矛盾，促进互补。

图2-29 利用藤本花木美化建筑墙面，增加建筑体的空间利用层次

图2-30 在屋顶建造的花园增加了建筑体的空间利用层次

五 园林树木景观的设计图

1. 园林树木景观设计图的类型及应用

园林树木景观设计图的类型有规则式、自然式、综合式等。

（1）规则式　规则式树木景观又叫整形式或对称式树木景观，有明显的对称轴线，园林树木都在轴线的控制下对称布置（图2-31、图2-32）。

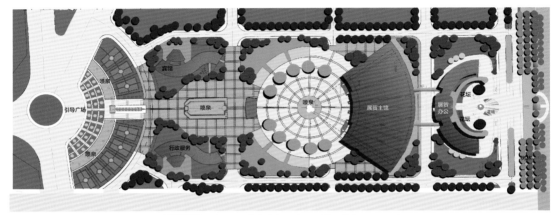

图2-31　广场绿化规划设计图（规则式平面图）

图2-32　规则式（对称式）布置的学校广场树木、花坛景观鸟瞰图

规则式园林树木景观常给人以庄严、雄伟、整齐之感，适宜在平缓的地形中进行布置，适合于大型机关、学校、工厂等规则式前庭应用。规则式园林树木景观适宜与规则式的建筑、园路、水池、喷泉、壁泉、雕像等环境融为一体。主体建筑旁的树木绿化布置要和附属建筑一样，或规整，或左右对称；主要道路旁的树木依轴线成行或对称排列；在主要干道的交叉处或观赏视线的焦点，常设置规整的花坛、球树等；对一些孤植树的外形进行人工修剪，借以创造树球、绿柱，或将其修剪成绿墙、绿门、绿亭或各种几何形象等。

（2）自然式　自然式树木景观也叫不规则式树木景观，没有明显的对称轴线（图2-33、图2-34）。

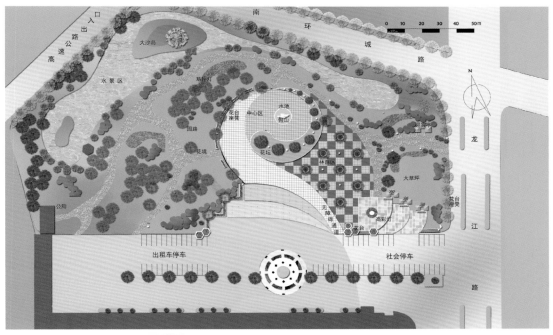

图2-33　某车站广场自然式树木景观设计（平面图）

图2-34　某车站广场自然式树木景观（鸟瞰图）

　　园林绿地中树木在建筑、道路环境中的分布都应顺应自然规律，浓缩大自然的美景于园林有限的空间中。在树木花草的配置方面，常与自然地形相协调，与人工山丘、自然水面融为一体。树木在建筑四周作不对称布局，路旁的树木布局也要随其道路自然起伏蜿蜒。园林的转角处常配植四季花木或竹丛。园林中树木造型不作规则修剪，有时加工修剪成自然古朴的外形，以体现树木的苍翠古雅。在园林中常用自然的树丛、树墙、树篱等来分隔空间。自然式的树木景观富有诗情画意，给人们幽静的感受，此种形式常用于地形起伏自然的园林之中。

　　（3）综合式　具有规则式和自然式两种特点的园林树木景观设计类型为综合式（图2-35、图2-36）。在大型公园中，在主体建筑近处采用规则对称式树木景观设计，而在远离主体建筑之处则采用自然式布置，以便与环境融为一体。

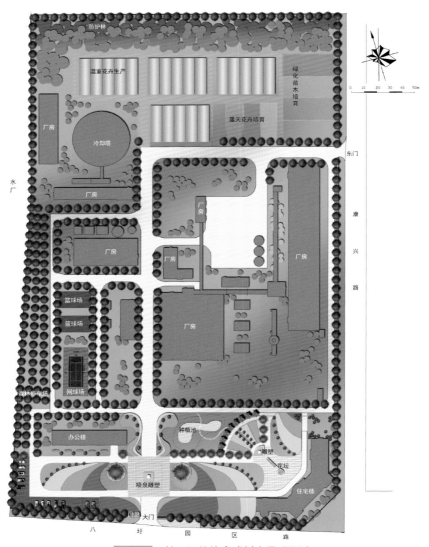

图2-35　某工厂的综合式树木景观设计

工厂大门内广场和主体建筑前采用规则式布置树木景观，其他环境采用自然式布置树木景观

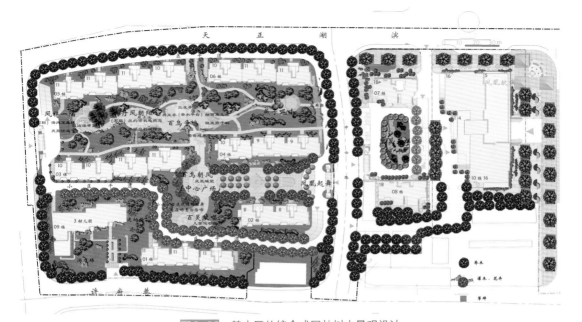

图2-36 某小区的综合式园林树木景观设计

小区主要出入口的景观道路两边采用规则式布置树木景观，其他环境采用自然式布置树木景观

除综合使用以上三种形式进行树木景观设计外，也可采用许多抽象的手法。例如，用几何图案非对称布置，象征性地体现河流、山地，或者通过线条、光影、色块等来表现园林绿地的个性，也别有情趣。

2.园林树木在景观设计图中的表现技法

园林树木景观设计，图的表现很重要，无论是用手绘制还是采用电脑绘制，都应该塑造时间和空间个性，增加环境色彩，表现季相，提供阴影，等等。

（1）园林树木在平面图中的表现技法　园林树木在平面图中的表现是以园林树木的树冠垂直投影图案的形式来表示的，它不仅要正确表达设计者的意图，而且还要起到装饰画面的作用。

在平面图上的乔灌木图案，通常用圆形的顶视图外形来表示其覆盖范围（图2-37、图2-38）。为了能看到树下的基本内容，常用主要分枝和一部分小叶的质感形式来表现。因树种不同，可用各种不同的图案表示。为了准确清楚地表现树群、树丛，可用大乔木覆盖小乔木、乔木覆盖灌木的形式表现。为了避免树冠图案的重叠，也可用粗线勾画外轮廓，再用细线画出各株小树的位置。各种乔木的冠幅是逐年增大的，而在图面上的冠幅多以成年树冠来计算。一般大乔木冠幅5～10m；孤立树冠幅10～15m；小乔木冠幅以3～7m为宜；双行绿篱每米5株，宽1～1.5m；花灌木冠幅1～3m。

花灌木丛和树林常用冠幅外缘连线表示；整形绿篱用斜线或用弧线交叉方式来表示；自然式的绿篱常用树冠的外缘线加种植点来表示；竹类植物可用"个"字画在种植范围内来表现；木本地被的表现，可用圆点、线点，在建筑的外缘或树冠附近可紧密些，中间部分可稀疏些，以衬托大树木和建筑，或显示阴影（图2-39～图2-41）。

（a）

（b）

图2-37 乔木冠形平面图例

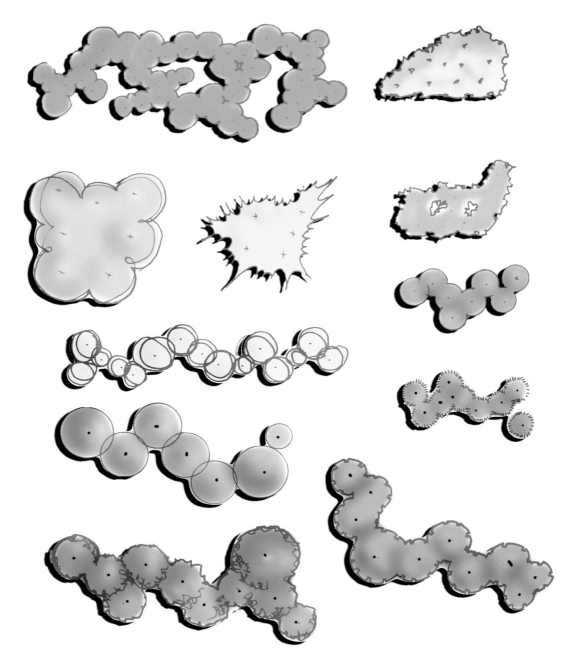

图2-38　灌木树冠平面图例

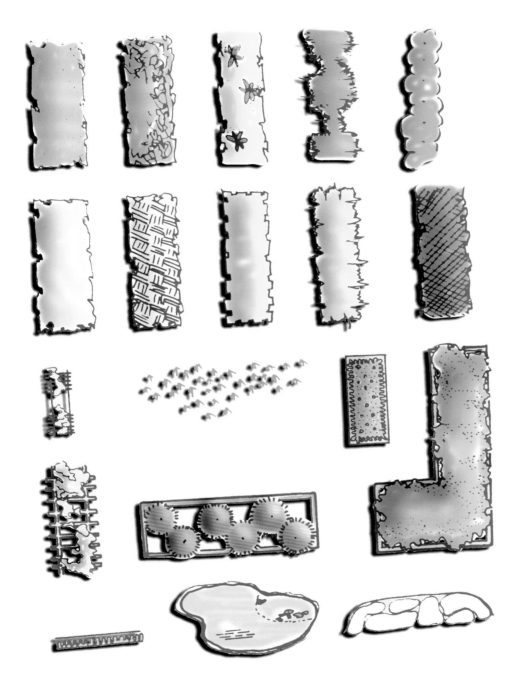

图 2-39 绿篱、木质藤本花架、竹林等平面图例

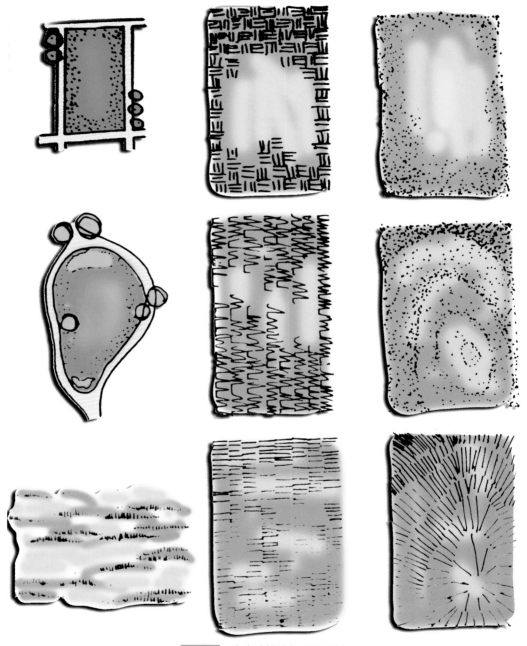

图2-40　木本地被植物平面图例

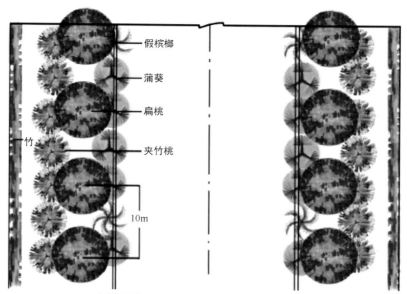

图2-41 某道路树木景观平面图表现案例

（图中标注：假槟榔、蒲葵、扁桃、夹竹桃、竹、10m）

（2）园林树木在立面图或断面图中的表现技法 园林树木的立面图，是地上部分的树木水平投影图，是通过水平方向可以看到的图面，表现了园林树木景观水平和垂直方位的关系。园林树木的断面图与平面图相似，是园林树木景观在切割地面线时的水平投影图，也就是把平面或特定部分切断，将切的部分绘成图，以进一步表现断面的水平透视效果。要绘制园林树木的立面图或断面图，就要注意表现树干、树冠和整体形状（图2-42、图2-43）。

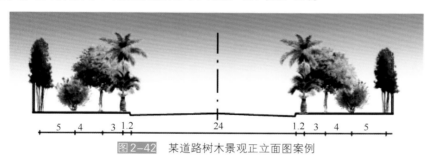

图2-42 某道路树木景观正立面图案例

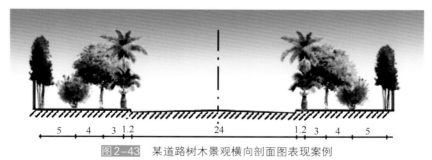

图2-43 某道路树木景观横向剖面图表现案例

① 树干的表现技法 树干的基本类型有单干、直干、曲干、丛干、缠绕、攀缘、匍匐、平卧、侧卧，等等。树干的观赏特性取决于树干的形状、高度与树皮的色彩等。树干的形态虽有不同，但是大多为圆柱体，其表现技法如下：

a. 不同种类的树干表现技法。常绿乔木树干，常用强有力、粗大、枝杈扭曲、疖瘤较多的技法表现；落叶乔木树干，常用通直、细致、平滑的技法表现（图2-44）。在阴影处可用细小的点子表现具有光滑干皮特点的紫薇、白蜡、梧桐等；在阴影处可用粗点子表现具有粗糙干皮特点的朴树、臭椿等；用自然块状图块来表现悬铃木、白皮松等树皮；用长条笔触表现榆树、蓝桉、桦木等树皮；用鱼鳞状图案表现油松、云杉、琅玡榆等树皮；用方块图案表现柿子、君迁子等树皮；用粗短的纵笔触表现栎树、杨树等树皮；用横向笔触表现樱花、桃树等蔷薇科树木的干皮。总之，图案花纹可以夸张，方向要相同，形象要一致。向光面的树干轮廓及裂纹线条应细而虚，背光部分线条应粗而实。

（a）落叶乔木树干表现技法

（b）常绿乔木树干表现技法

图2-44　乔木树干表现技法

b. 不同环境下的树干表现技法。树干常受本身冠、枝、叶遮光的影响，还受环境、墙面、地面等反光的影响。干皮光影表现是树干的重要表现形式，以天空或水面等淡色调为背景的树干，常用暗调来表现［图2-45（a）］；以树丛、黑墙为背景的树干，宜用亮色调来表现其轮廓［图2-45（b）］。根据阳光强弱、枝叶遮阳浓淡，在乔木树干的上部要用线条或暗色调来表现枝叶的阴影；而树干的下部因受到光线直接照射或者受地面的反射，要用亮色调来表现［图2-45（c）］。

（a）以天空或水面为背景的树干表现技法

（b）以树丛、黑墙为背景的树干表现技法 　　（c）树干上下部光影表现技法

图2-45　不同环境下树干表现技法

② 树冠的表现技法　园林树木冠形的变化多种多样，受分枝和叶群的影响极大，分枝是树冠造型的骨架，叶群是树冠的服饰。

a. 分枝的表现技法。树冠的分枝是树冠的造型骨架，与主枝明显、主枝不明显以及分枝排列方式、方向、角度有关。针叶树，多采用主干明显的绘法，如雪松、云杉等用总状分枝的形式来表现尖塔形、圆锥形、圆柱形的树冠（图2-46）。阔叶树，多采用主干不明显的画法，如合欢、丁香等用假二歧分枝的形式来表现倒三角形树冠［图2-47（a）］，可用合轴分枝的形式来表现圆球形或卵圆形树冠［图2-47（b）］。树冠的整体表现技法见图2-48、图2-49。

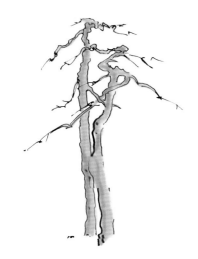

（a）主干明显的总状分枝形式画法　　　　　　　　　（b）主干明显的乔木树冠表现技法

图2-46　主干明显的树木画法

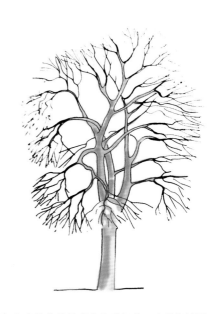

（a）假二歧分枝的形式表现倒三角形树冠　　　　　　　（b）合轴分枝的形式表现卵形、球形的树冠

图2-47　主干不明显的落叶乔木树冠表现技法

（a）一个面表现

（b）二个面表现

（c）三个面表现

图2-48　树冠的整体表现技法

（a）常绿阔叶树的画法　　　　　　　　　（b）常绿针叶树的画法

（c）小叶型的树冠表现

图2-49　常绿树和小叶树的树冠表现技法

　　树木分枝与主干夹角不同，其表现方法也不同。树干的分枝根据分枝与主干夹角的大小可分为枝条开展、平展、上伸、下垂等形式，分枝本身又有大小、粗细之分（图2-50）。大枝轮廓用双线表示，但向前伸的主枝可用下弧线作阴影效果，向后伸的主枝可采用上弧线的画法来反映阴影效果。左右伸枝可用上下弧线作阴影效果，最后还要画出枯枝和桩眼等。中等分枝可用细双线表示，也可一边用细线、一边用粗线来表现光影效果。小的细枝用单线即可。在分枝的排列方式上，其角度、前后相衬要明确。

（a）开展 （b）平展

（c）上伸 （d）下垂

图2-50 树木分枝表现形式

　　b. 叶群的表现技法。叶群是树木造型的外衣，在枝条上画上树叶，即完成了树冠外形。树种不同，叶的大小形态、质地也不相同，可用点、线和不同形状的小图案来表现（图2-51）。要以树干为中心先画大轮廓，再画出各叶群的小轮廓，逐步深入。如树冠的背景是蓝天，外轮廓线要清晰自然，在轮廓的外缘及块状叶群外缘的叶形要有树种形象特征。整体树冠受光部分要亮，背光部分要暗，而叶群的内部更要暗，每块叶群也是同样。树冠的整体要有疏有密、疏密自然，要有概括、夸张，不能平均分布，以免呆板。

　　常绿树冠以重笔触去绘制，特别是针叶树的树叶要用短而刚直笔触刻画，叶群的大小造型及针叶的方向都要重点刻画。落叶阔叶树冠的叶，在受光部位或地面反光部位应该用浅色或细线条表现，在阴影处应用深色或粗线条来表现。

　　一天之中的早、中、晚树叶的反射亮度各有不同，一年之中的春、夏、秋、冬叶色也有嫩绿、深绿、红、褐等色彩的变化，所以树木景观渲染，还要关注时间和季节的变化。

（a）

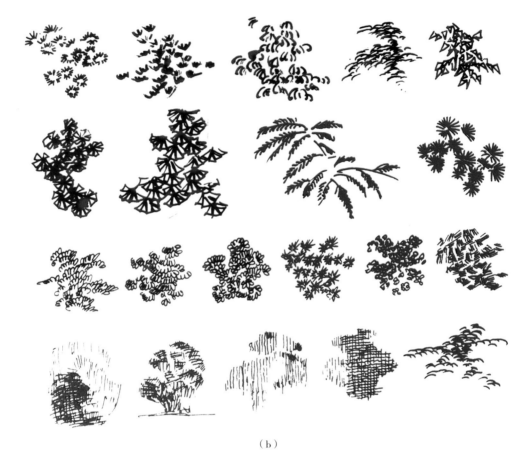

（b）

图2-51　树冠叶群表现技法

③树木整体的表现技法

a.生长型的表现技法。一种树木从幼小到衰老要经过数十年或上百年甚至上千年，从幼树到老年树不同生长阶段要用不同的技法表现（图2-52～图2-54）。

幼树的形态，用大比例、冠形不明显、枝叶繁茂、叶形大等来表现；生长力旺盛的树木形态，用中等比例、干皮浅裂、树木冠形上尖或呈圆锥形、枝叶繁茂向外伸展、俊秀饱满等来表现；苍老的树木形态，用小比例、树冠圆顶或平顶、分枝枯状、小枝小叶成团状丛生等形式来表现。

b.生态型的表现技法。每种树都要求一定的生长条件，要求最佳的光、温、水、肥、气来保证它的生长发育。但是，往往同种树在不同的生长条件下，会产生各种变化的形态（图2-55～图2-58）。例如，生长在寒冷风口的树木，其树冠用一边为茂盛枝叶、一边为枯枝的旗形树冠来表现；生长在干旱瘠薄土壤上的树木，多用枝叶稀疏、瘦弱来表现；生长在肥沃土壤上的树木，用枝叶茂密来表现；生长在开敞空间的孤立树，用枝叶丰满、树冠完整的外形来表现；树林中生长的树木用树冠顶端枝叶生长健全、中上部枝条向上伸展、下部枝叶枯落等形式来表现。用树冠枝叶外形饱满、内部枝叶稀疏、空透、分枝高等特点来表现阳性树木；用树冠枝叶稀疏，上下内外枝叶层次丰富，枝下高低（枝下高，指从地面向上到树的第一个分枝的高度）等来表现阴性树木。

（a）柏树老树　　　　　　　　　　　　　　（b）柏树幼树

图2-52　生长型：柏树的老树和幼树表现技法

（a）　　　　　　　　　　　　　　　　　　　（b）

图2-53　生长旺盛的落叶针叶乔木树冠表现技法

（a）   （b）

图 2-54　生长旺盛的落叶阔叶树树冠表现技法

（a）阴性树木形态

（b）阳性树木形态

图 2-55　阴性树木和阳性树木的表现技法

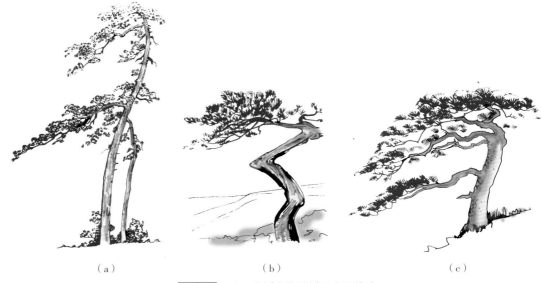

（a）　　　　　　　　（b）　　　　　　　　（c）

图2-56　风口处树木旗形树冠表现技法

（a）　　　　　　　　　　　　　（b）

（c）　　　　　　　　　　　　　（d）

图2-57　干旱、瘠薄立地条件下生长的树木表现技法

（a）　　　　　　　　　　　　　　（b）

图 2-58　生长在树林中的树木（a）和孤立树木（b）的表现技法

　　c. 人工型的表现技法。各种树木都可以通过人工修剪来创造各种奇特的造型，其表现技法如图 2-59 所示。树龄不老可以通过人工修剪成其自然苍老的树木造型，其表现方法同老树，宝塔

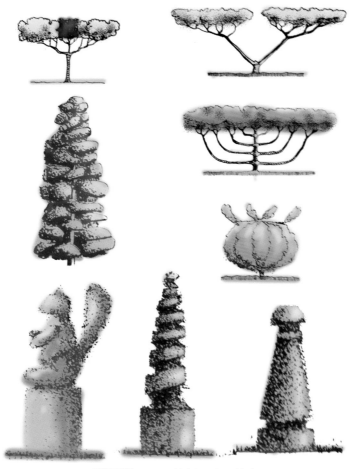

图 2-59　人工型树木的表现技法

形、动物形或几何形的常绿树，多采用点或短线条表现；木质藤本植物主要用花廊、花架的大小比例去画，稍加一点高低起伏的轮廓线即成。

（3）园林树木在效果图中的表现技法　园林树木景观的效果图，即透视投影图，也称鸟瞰图或俯视图，是一种具有立体感和远近感的图面，其整体造型画法有很多，例如轮廓法、质感法、分枝法等。

轮廓法：主要表现树木的外形和枝团轮廓，绘出没有被树冠叶枝遮挡的主干、主枝即可（图2-60）。

图2-60　树木整体造型轮廓画法

质感法：根据树种形态特性，绘出其轮廓及枝团轮廓，再用该树种叶子的形态来表现树木的质感（图2-61）。

分枝法：先用笔勾画树木的主要分枝及树冠轮廓，再用钢笔画出分枝的形态。注意用笔勾画时，所有笔画不应超出树冠外围基本轮廓（图2-62、图2-63）。

图 2-61　树木整体造型质感画法

　　设计者可以根据自己的特长，控制园林树冠的大小和树干的长短，便可以体现出透视图的效果。即树冠幅越大，树干越短粗，体现的鸟瞰的视点越高；反之树冠幅越小，树干越细长，体现的鸟瞰的视点越低。体形越小，体现视距越远；体形越大，体现视距越近。

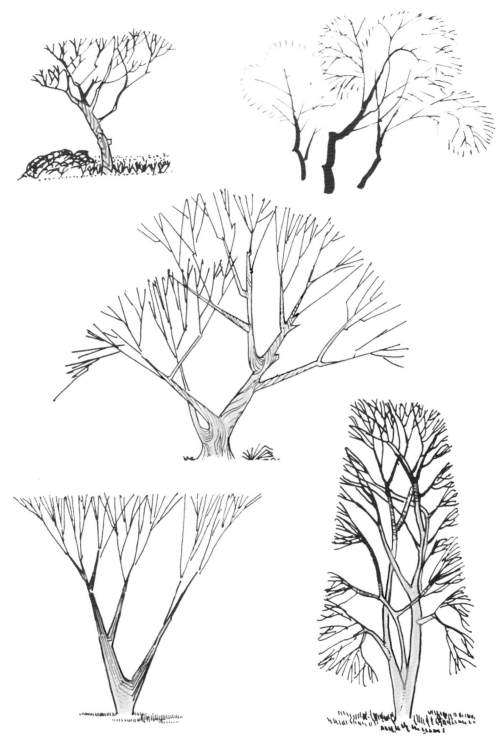

图2-62　树木整体造型分枝画法

图 2-63　树木分枝造型画法

六 园林树木景观设计的程序

1. 现场考察和绘制现状图

首先，应充分进行红线内（即规划设计范围内）的现场考察，通过现场观察和测绘，作出设计区域的现状图（图2-64），内容包括面积比例大小、位置关系、地形地貌、植物分布、环境景观、历史文化、给排水分布、原有建筑和道路分布、供电及通信状况，等等。如果备有现状图，也要和现场实地状况进行核对后方可使用。

图2-64　某人居森林现状图

2.绘制规划设想图

在现场调查资料和分析现状图的基础上，明确设计方案的定位主题及概念，在具有明确的设想的基础上，作出设想图（图2-65）。

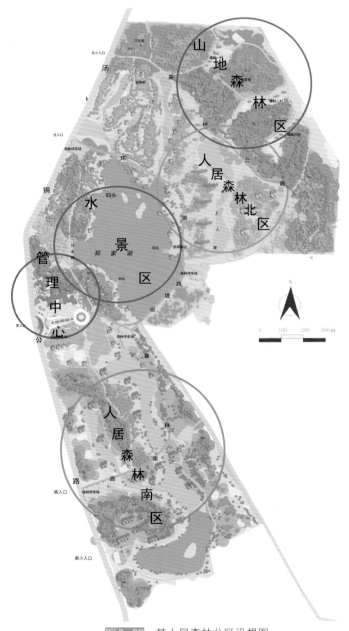

图2-65 某人居森林分区设想图

3.绘制总体平面规划图

然后，进一步将设想图绘制成平面图，正确安排各功能分区、各种景观和设施的位置（如水体、道路、构筑物、给排水、供电、通信、树木种类分布，等等），形成总体规划平面图（图2-66）。为了表现地形的起伏变化与水体的关系，还应该作出立面图或剖面图。

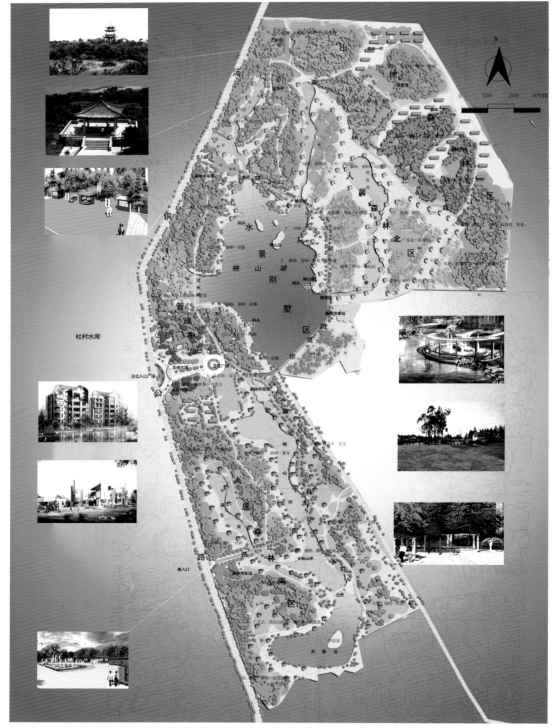

图2-66　某人居森林总体规划图

4.绘制透视图

以上各项完成后，为了反映设计区域立体的效果，在平面图、立体图的基础上再作出透视效果图（图2-67～图2-69）。

图2-67　某广场树木景观透视图

图2-68　某公司环境树木景观透视图

图2-69　某中学树木景观设计效果图

5.绘制施工设计图

施工设计图，也称详细设计图（图2-70、图2-71）。规划方案通过之后，在规划图的基础上，具体地作出详细分项施工设计图。将平面图的部分扩大，详细绘制各区的树种表现图，应详细绘制平面图、立面图、断面图等，以便施工参照。以设计图为样本，再详细标明树木种类、施工尺寸大小、施工方式和要求等，以便施工人员参考使用。

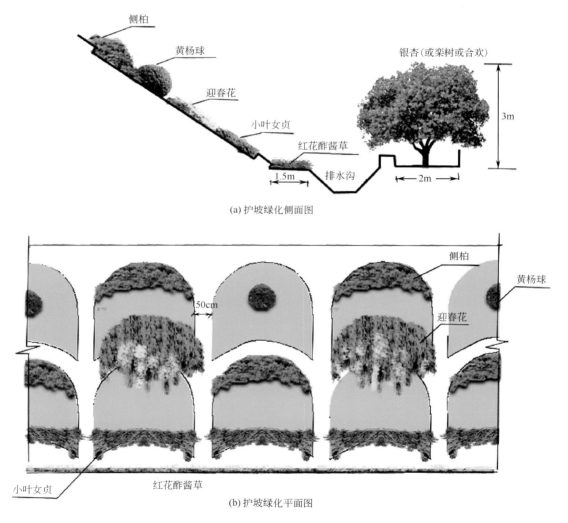

(a) 护坡绿化侧面图

(b) 护坡绿化平面图

图2-70　护坡地段树木景观施工设计图

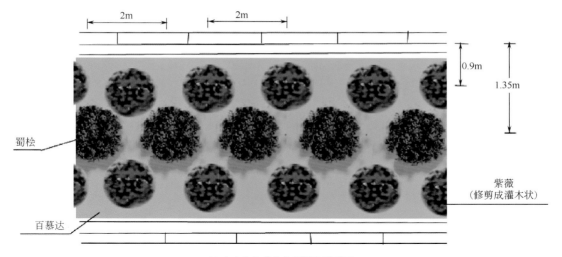

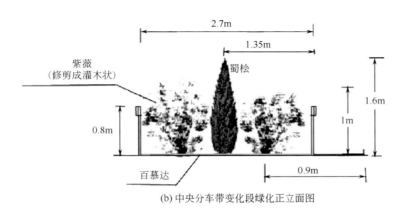

（a）中央分车带变化段绿化平面图

（b）中央分车带变化段绿化正立面图

图2-71 某高速公路道路中央分车带树木景观施工图

6.变更设计图

当施工遇到特殊情况，施工图不适宜施工时，要对详细设计图作适当修改，再作出新的与整体相吻合的变更施工设计图。

7.绘制竣工图

工程完成后，各种图面资料应保存完整，统一作出与工程现场完全一致的图，这对竣工验收、检查竣工量的计算以及今后的管理工作等都是很有必要的。

第三章
园林树木少数植株景观设计

园林树木少数植株景观设计，就是应用很少的园林树木植株组合景观。在园林树木景观设计中，使用的树木株数少不一定就不好，关键在于客观的园林环境要求和科学、艺术的树木搭配。在广袤的大草原上、草坪广场上、空旷的场地上，有一株高大的树木挺立而生，会给人们带来生命的启迪和希望；相互对生的两株或两丛树木景致，会使人们联想到相互关爱；丛生树木能创造美丽的景观，显示出了组合成景的重要。园林树木少数植株景观类型有：孤植树景观、对植树景观、丛植树景观等。

一 类型

1.孤植树景观

种植一株高大优美的树木，或者合并栽植少数几株同种树木，可形成孤植树景观，又称孤立树木景观。孤植树景观更加显示了树木的个体美，具有很好的观赏和遮阳效果，很受人们喜欢（图3-1～图3-3）。

图3-1 宽阔地块中高大优美的孤植树景观

图3-2 以天空和花坪为
背景的孤植树景观

图3-3 以蓝天和建筑作
为背景的孤植树景观

2.对植树景观

将两株或两丛同种树木按一定的轴线关系分别左右对称栽植或者互相对应栽植所形成的景观称为对植树景观（图3-4～图3-6）。

图3-4 大门前左右对称栽植的五针松、铁树形成的对植树景观

图3-5 花台中两株相互呼应栽植的柳树（大叶柳）对植景观

图3-6 道路两旁相互对称栽植的樟树对植景观

3.丛植树景观

用一定的艺术构图方式，把3～10株观赏价值高的树木配植在一起，所形成的优美景观称为丛植树景观，也可称为树丛景观（图3-7～图3-10）。

图3-7　公园中的黄连木树丛景观

图3-8　风景区的北美红枫树丛景观

图3-9　乡村中的杨树丛植景观

图3-10　大草坪中的七叶树丛植景观

1. 孤植树景观的应用

孤植树适宜在公园、游园、庭院、广场、水边、草坪等宽阔空旷的绿地空间种植，主要用于创建园林空间的主要景观（例如景观树、遮阳树等），如图3-11～图3-17所示。

① 常用在风景区、寺庙、村落广场等地，作为主要景点。特别是古老的树木，它能体现当地的历史文化，形成目标树等，例如黄山的黄山松等。

② 孤植树景观常用在小区建筑的前庭、后院等较大的绿地空间中，或工矿企业的开敞空间、休息广场，形成该空间的主景。

③ 应用在道路交叉口或花坛中，创造该环境的主景。

图3-11　风景区宽阔水景旁的孤植树景观

图3-12 应用在园林中的枸骨孤植树景观

图3-13 应用在广场的目标树景观

图3-14 应用在某单位建筑前庭的红枫孤植树景观

图3-15 布置在建筑前草坪广场大空间的香樟孤植树景观

图3-16　与建筑空间相结合的孤植树景观

图3-17　布置在公园大草坪的香樟孤植树景观

2. 对植树景观的应用

① 对植树景观多用在公园、建筑出入口的两旁或纪念物旁，起到烘托主体的作用（图3–18～图3–24）。

② 用在道路、蹬道石级、桥头两旁，创造夹景，以增强景物透视的纵深感，使得主要夹景更加引人注目（图3–25）。

③ 用在自然式园林绿地中，使用两株或两丛树木对称配置，树姿的动势要向轴线集中，使左右均衡富于变化，又相互呼应，形成生动活泼的景观（图3–26）。

图3–18 建筑门口两旁的银杏树形成的对植树景观

图3–19 庭院建筑出入口两旁的绒柏形成的对植树景观

图3-20 建筑大门两边对称种植的棣棠花

图3-21 建筑大门两边对称种植的桂花景观

图3-22 大型建筑广场上的柏树对植景观

图 3-23 建筑门前的月季花对植景观

图 3-24 纪念性建筑大门两边的雪松对植树景观

图 3-25 桥头两旁的桂花树对植景观，使得夹景桥更加引人注目

图 3-26 大型建筑门前对植的铁力木景观生动活泼又相互对应

3.丛植树景观的应用

见图3-27～图3-35。

① 用在风景区、公园的主要位置，布置在人们游览视线的焦点上，作为主景。较大的树丛景观不仅能遮阳，还能丰富景区的景观。常应用在公园道路两侧，创造对景、夹景、框景，丰富景观，以利于观赏。

② 常用在工厂、社区、庭院中，形成主景，为人们提供遮阳场所，降低噪声，改善生态环境。还可布置在庭院角隅，作为障景，形成庭院中的自然小景，使得空间变得更加可爱而富有生命力。

③ 用在建筑旁、道路的转弯处或交叉口，能起到扬美、遮丑和组织交通的作用。配在白粉墙前，还可以创造生动活泼的画面。还可用来分隔空间等，这都是树丛景观的优势。

④ 在水边点缀花灌木树丛，能丰富景观层次和起到画龙点睛的作用。

⑤ 作为背景，可以烘托园林小品，突出主景。将树丛配植在草坪外缘或点缀在假山之上，可以增强形体的变化，使景观富有生气。

⑥ 常用较大的树丛来增强地形变化和丰富视觉效果。在高地上布置高大的树丛可以增强地形的变化；反之，在低凹处布置较低的树丛，则可减弱地形的变化。在游览绿地上布置高大的树丛，可使人产生近在眼前之感；布置矮小树丛，则具有深远感。

图3-27　公园中的红枫和八角金盘树丛景观

图3-28　建筑旁的南天竹树丛景观

图3-29 公园道路旁的
花石榴树丛景观

图3-30 建筑环境中的毛
竹树丛景观

图3-31 公园绿地中的黄连木树丛景观（主景）

图3-32 公园中的月季花树丛景观

图3-33 庭园中的红花檵木、红叶石楠树丛景观

图 3-34 公园中的秤锤树树丛景观

图 3-35 水旁的迎春花树丛景观

三 设计原则和方法

1.孤植树景观设计

见图 3-36～图 3-41。

（1）与大环境相互协调 虽然孤植树的景观具有孤立的效果，但是它并不是孤立存在的，设计时要注意和周围环境的各种景物相互配合，取得整体统一的效果。例如孤植树在园路转弯处、假山悬崖、岩洞口、休息广场、桥头、庭院、小区等园林绿地中都会起到画龙点睛的作用。必须注意孤植树的高矮、姿态等都要与环境空间大小相互协调，要保证孤植树有很好的生长空间；在规则的环境中，可进行适当的修剪。

（2）创造环境的主景 在空地、湖边、草坪、山岗上设置孤植树景观时，一定要留有适当的观赏视距，借蓝天、水面、草地等单一的色彩为背景，衬托孤植树形体姿态、色彩的优美，从而丰富天际线的变化，创造该环境中的主要景观。例如在开阔草坪上，单独设计一株大乔木作为主景，不仅起着遮阳作用，而且还有明显的单株形体美观赏效果；在宽阔水体边或者在水中小岛上的主景树，能在水中形成倒影，给游人创造双倍的景观效果，提高艺术感染力。但是设计孤植树景观时，应避免设置在小环境的正中央。

（3）古老树景观设计 在原有古老树的地方，应该合理利用古老树，以创造具有历史文化的孤植树景观。特别是对某些有历史纪念意义的单株古老树，应认真管理并加以保护，挂上说明牌，在周围扩大空间，设以栅栏、长椅，既可以为人们休息提供方便，又可以提高人们的历史、文化知识水平，使人们更加热爱家乡、热爱祖国。在一些地区，如果没有高大的古老树，也可以考虑移植大树或大苗，将2~3株同种大树靠近栽植，适当修剪，创造孤植树景观。

（4）孤植树景观树种的选择　用于孤植树景观的大树，应该选择体形高大、枝叶茂密、树冠展开、姿态优美、观赏价值较高的适生、健壮、长寿、病虫害少、当地的实生树种。例如雪松、金钱松、马尾松、云杉、南洋杉、罗汉松、黄山松、白皮松、桧柏、苏铁、榕树、柏木、香樟、柠檬桉、青冈栎、广玉兰、银杏、枫香、槐树、悬铃木、无患子、枫杨、七叶树、麻栎、白桦、柏杨、杜仲、元宝槭、鸡爪槭、乌桕、凤凰木、核桃、鹅掌楸、毛白杨、合欢、榉树、朴树、榆树、柳树、槭树、桑树、紫叶李、樱花、紫薇、梅花等。特别是枫香、元宝槭、鸡爪槭、乌桕等具有明显观叶的特色树种；凤凰木、樱花、紫薇、梅、广玉兰、柿、柑橘等具有花、果观赏价值；白皮松、白桦等具有光滑可赏的树干。

图3-36　湖边古老树景观，以蓝天、水面为背景，姿态优美

图3-37　道路广场中的主景——枫香孤植树景观，具有明显的观叶和遮阳效果

图3-38 公园草坪中的翠柏和樱花组合的孤植树景观，具有明显的观赏效果，趣味横生

图3-39 道路交叉口的石楠孤植树景观，为分车绿岛的主景

图3-40 建筑前广场中的丁香孤植树景观，为该广场的主景

图3-41 作为主景的雪松孤植树景观

2.对植树景观设计

见图3-42～图3-50。

（1）协调环境　对植树景观设计要处理好对植树与建筑、通道，特别是与地面上下管线的相互关系，避免产生矛盾，又要和周围环境相互协调。

（2）创造配景　对植树景观大多作为配景使用，树木体形大小、高矮、姿态、色彩等都要做到烘托主体，不能喧宾夺主。两株树或两丛树的位置的连线，应与主景的中轴线垂直，且应被中轴线平分，形成主景的配景。

（3）树种选择　在规则式的园林环境中，对植树景观要求树种和规格大小一致，外形整齐、美观，或者选用人工修剪整形的植株，对称布置在轴线的两侧。在自然式的园林环境中，可采用两株不同的树种，大小形态也可不同，但是要求和轴线取得均衡，大树可以距离轴线近，小树可以距离轴线远，使得大小树木的动式向轴线集中，形成生动的对植树景观。

图3-42　道路两旁创作夹景的悬铃木对植树景观，显得景致雄伟壮观

图3-43　主体雕塑两旁的香樟对植树丛景观，显得主体景致雄伟壮观

图3-44 道路旁相互对应的樱花树景观，显得主体景致自然活泼

图3-45 道路两旁毛竹丛对植的景观，显得主体景致自然潇洒

图3-46 大型纪念性建筑两旁的柏树对植景观，优雅肃穆

图3-47 大草坪中的两株相互对应的柳杉树木景观

图3-48 喷泉前的黄杨球对植景观，显得主体喷泉活泼可爱

图3-49 两株体形大小、高矮、姿态、色彩相对应的杜英既创造了美丽的对植树景观，又协调了树木与建筑的关系

图3-50 纪念馆轴线两边对植的樟树、水杉树木景观，显得主体景致和蔼可亲

3.丛植树景观设计

见图3-51～图3-60。

（1）丛植树景观的整体设计　丛植树景观的整体设计既要考虑丛植树观赏的总体美，还要考虑树丛中树木的个体造型美；既要注意整体外缘的美，又要考虑到内部株行距的自然布置，大小姿态、色彩变化等内外都要各有特色。规则式丛植树景观的种植设计，常对称布置；而自然式丛植树景观的种植设计，平面设计时应避免等腰三角形、正方形、矩形、成行成排的布局；竖向设计要求中部高，四周低，以利于观赏。

（2）突出主要景观　在园林中的局部空间或者草坪中，可以用同种树丛创造主要景观，形成优美的群体景观。或采用同种常绿树种创造背景树丛，或采用不同树种点缀前景，对比鲜明，都能使被衬托的园林小品轮廓清秀，主景突出。

（3）保证最佳视距　丛植树景观必须留有适当的观赏视距，在公园中设置树丛景观时，一定要注意留出树高至少3倍的观赏视距，在主要观赏面甚至要有10倍以上的视距，以便众多的游人欣赏景观。

（4）树种搭配　园林树丛景观的树种不宜过多，2～4种即可，要注意不同树种的特性，使用喜阳的乔木作为上层，耐阴花灌木作为下层，形成合理的生态环境，以保持树丛景观的稳定性。

用同种树木设计时，在体形和姿态方面应有所差异，在总体上既要有主有从，又要相互呼应，还要保证植株之间正常生长发育空间。常用常绿树与落叶树或观花、观果、观叶灌木组合设计，创造四季多变的活泼景观。

在规则式的地块中，常选用同种同形树种或同种异形树种，采用等距离的种植设计方式；在自然式的地块中，选用同种同形或同种异形树种，采用不同株距的种植设计方式。用灌木围在乔木树丛的四周，可使整个树丛变得紧凑，外围再用草花相衬托就会显得更加自然活泼。

总之，园林树丛景观要以常绿观赏乔木为主体，再以落叶灌木来衬托，或以浅色配深色等，在形状和色调上形成对比。

图3-51　公园广场上大乔木——樟树树丛景观，既可遮阳又创造了供人们观赏、休闲的好去处

图3-52 公园绿地上常绿树与红枫等搭配的树丛景观，具有明显的色彩对比，创造了美丽的复层景观

图3-53 椰子树丛景观，创造了典型的南国风光

图3-54 常绿树石楠、桂花树丛景观，衬托主体雕塑

图3-55 公园中的荚蒾树丛景观，花团似锦

图3-56 公园中的海棠花树丛景观，春景怒放

图3-57 庭院中的主景竹丛景观，四季常青，点缀庭院

图3-58　风景区中的石榴树丛景观，具有观花、观果、观叶的效果

图3-59　建筑角隅的主景榆叶梅和陪衬金叶女贞、黄杨树丛景观，使该建筑空间的硬质环境变得柔和

图3-60　庭院中的孝顺竹竹丛景观，维护了建筑环境的清净优雅和安静

（四）经典案例介绍

1. 孤植树景观

见图3-61～图3-65。

图3-61 大广场中的槐树孤植树景观，具有标志性的作用

图3-63 小区广场上的鹅掌楸孤植树景观，具有很好的观赏、休闲效果

图3-64 医院绿岛中的合欢孤植树景观，形成了安静且适宜休息的景观环境

图3-62 园林中的孤植树白玉兰景观，具有很好的观赏效果

图3-65 公园大草坪广场中的七叶树孤植树景观，形成了该草坪的主景

2.对植树景观

见图3-66～图3-70。

图3-66 桥头两旁的黄杨球对植景观

图3-67 建筑出入口两旁对植的紫叶李、绣球树景观

图3-68 城市主干道两旁对植的香樟行道树景观

图3-69 公园中两株呼应的对植榕树景观

图3-70 以水体为主轴线的两旁对植的柏树景观

3.丛植树景观

见图3-71 ~ 图3-83。

图3-71　棕榈树丛景观

图3-72　丛植的金丝桃景观

图3-73　丛植的榆叶梅景观

图3-74　小岛中丛竹景观，水中倒影依稀可见，创造了两倍的景观效果

图3-75　山石旁的结香树丛景观，花美、枝柔，具有四季观赏的特点

图3-76　广场中的石楠树丛景观

图3-77 庭院中淡竹丛景观，具有四季常青的特点

图3-78 大草坪广场中的水杉树丛景观，可体现季相的变化

图3-79 广场中上层为香樟树丛，下层有花灌木树丛景观，具有四季景观的效果

图3-80 栾树和花灌木树丛景观

图3-81 公园中南天竹等树丛景观，具有四季观赏的特点

图3-82 庭院中红枫树丛景观，具有良好的观赏效果

图3-83 公园中的金钟花树丛景观，是早春的好景色

第四章
园林树木多数植株景观设计

　　园林树木多数植株景观设计，也可称为多株园林树木景观设计，一般是指使用数十株以上园林树木进行的组合景观设计，其类型有：树群景观和树林景观等。树群景观可作为主景、对景、背景使用。采用两组树群靠近种植，可以创造框景或对景；几组树群相连还可作为屏障，分隔空间。较大的树群景观引人注目，可以加强或减弱地势起伏变化，显得生机盎然。树林景观可阻挡风沙对城市的侵袭；用作农田防护林，可保护农田，调节气候；用作卫生防护林，可起到降低有害气体含量、减弱噪声、卫生保健等作用；用作水土保持林，有较好的水土保持作用，可固土防沙、护坡、减少地面径流等。

一　类型

1. 树群景观

　　在面积较大的地块上，按一定构图方式，使用数十株树木一起种植的群体称为树群，种植在某景点处时称为树群景观（图4-1～图4-4）。树群景观突出了群体美，在群体的树冠外形和层次等方面有很好的组织景观作用，还有一定的生态效益。

图4-1　棕榈树群景观

图4-2　茶花树群景观

图4-3　孝顺竹树群景观

图4-4　绣线菊树群景观

2.树林景观

大面积成片生长的乔灌木景观称为树林景观（图4-5～图4-8）。树林的占地面积比较大，树林中的树木株数也比较多。树林因密度不同可以分为密林和疏林；因树种不同可分为纯林和混交林；因功能不同又可分为风景林、防风林、卫生防护林、农田防护林、水土保持林等，它们都具有很好的防护功能和生态效益。

图4-5　风景区中大面积的水杉树林景观

图4-6　风景区中大面积的混交林景观

图4-7 风景区中大面积的松树林景观

图4-8 大面积的毛竹林景观

1.树群景观的应用

见图4-9～图4-15。

① 用在公园、风景区，树群不仅可以创造景观，而且还可以提供休闲娱乐环境空间。

② 树群用在庭园的角隅、草坪外围、水体边、湖中的小岛上，都会增加景观的纵深感，特别引人注目，显得生机盎然。

③ 大面积的树群，用于加强或减弱地势起伏变化。

图4-9 公园中的常绿树群作为彩叶树的背景，体现了色彩的调和与对比

图4-10 树群用在小路两旁作为对景、夹景使用，有遮阳的效果

图4-11 在风景区中，用来增强地形起伏的树群景观

图4-12 公园草坪广场中的树群景观，形成了该空间的主景

图4-13 硬质广场空间的落叶乔木树群，创造了该广场的绿色主景，具有很好的遮阳效果

图4-14 红枫和香樟树群景观，具有很好的观赏效果

图4-15 用于公园水边的淡竹树群景观，具有很好的观赏效果

2. 树林景观的应用

见图4-16~图4-23。

① 常作风景林，应用在大型风景区，如森林公园、自然保护区。风景林的树木种类和树木的株数较多，占用土地面积大，气势磅礴，生态作用较大，以便开展风景旅游和各类休疗养项目。

② 用作防风林，防风林常用在城市郊区，可以阻挡风沙对城市的侵袭，还具有一定的游览休闲功能。

③ 用作卫生防护林，可降低有害气体、噪声等对环境的影响，起到卫生保健作用。

④ 用作水土保持林，山区树林景观有较好的水土保持功能，可固土固沙、护坡、减少地面径流、防止水土流失等。

⑤ 用作农田防护林，可保护农田，防止风沙对农作物的危害，调节气候，结合农家乐的兴起，还有很好的观赏休闲功能。

图4-16 风景区的水杉树林，具有保持水土、调节气候的作用，是旅游的好去处

图4-17 风景区的彩叶复层树林，具有很好的观光旅游、防风、保持水土等效果

图4-18 风景区的树林景观，具有保持水土、卫生保健等功能

图4-19 风景区的彩色叶树林，具有保持水土、调节气候、卫生保健等作用

图4-20 山地的混交林景观，具有保持水土、调节气候、卫生保健等作用

图4-21 风景区的大面积棕榈树林

图4-22 风景区大面积的湿地水杉树林

图4-23 风景区大面积的水杉景观林，具有组织交通等功能

三 设计原则和方法

1. 树群景观设计

见图4-24～图4-34。

（1）总体布置　树群景观一般采用自然布局，株距有疏有密，不宜成行成排等距离栽植。树群景观是多株树木复合型种植所形成的景观，主要目的是要创造树木群体美的特色。在树群的内部可选用生长快、树冠大、枝叶开展的乔木种植，以便形成较稳定的整体美；在其外围应选用灌木、花卉来形成对比，以表现树群的整体美。

（2）树群的层次设计　树群的上层采用常绿乔木为主，小乔木或耐阴的灌木群作为第二层，外围种植低矮的灌木。如果早期用落叶乔木为上层，可以用阴性常绿树为第二层，等到两层生长接近时，再另补种落叶小乔木，作为第二层，即可获得一定的稳定性。靠近树群外缘布置一些大小不同的花灌木树丛，在立面上可形成高低起伏的景观。

在公园、风景区或社区庭院局部空间，采用一组特色树群景观，便可以构成该空间的主景，突出表现该空间的内涵。

（3）作为框景设计　在某些园林空间，可采用两组树群景观相互环抱，构成框景，以突显其中的主要景观。

（4）作为背景设计　使用常绿树密植的树群景观，可以创造很多园林小品的背景，烘托主景，使得小品轮廓更加清晰。

（5）作为隔景设计　在公园或风景区常将几组树群相连创造隔景，可形成功能不同的园林空间，方便游客开展多种多样的活动。

（6）树种选择　树群中的树木种类不宜过多，否则会产生零乱之感，一般选用1～2种树种作为基调，也可用单一的树种密植，再用一定数量的小乔木和灌木作为陪衬，便可创造丛林式树群美景。

树群景观最好选用10年以上的常绿阳性乔木作为上层，再选用5年左右的中性小乔木或灌木群作为第二层。在其外围的东、西、南侧，应选用低矮的阳性灌木树种；在树群的北侧，应选用阴性树种。由于树群植株数较多，外围植株受气候影响较大，内部植株之间也存在相互影响，所以要选择不同生态类型的树种进行配置，以保持树群整体美观的稳定性。

图4-24　公园中的红枫树群景观，创造了该空间的主要景观

图 4-25 公园中的五针松等常绿背景树群，烘托了巨大的山石主体景观

图 4-26 公园中的香樟、桂花树群景观，分隔了道路和草坪空间

图 4-27 上层为落叶彩叶树枫香，下层为茶花，体现了层次、色彩和季相的变化

图 4-28　草坪广场上的七叶树等树群景观，具有很好的休闲和观赏效果

图 4-29　风景区中的槭树、水杉、乌桕、冷杉、柏树等组合的树群景观，为四季景观，具有天际线的变化

图 4-30　园林局部空间的淡竹树群景观设计，创造了局部空间的隔景

图4-31 公园的茶竿竹树群设计，创造了竹林通幽的夹景

图4-32 上层为常绿乔木雪松树群，下层为落叶花灌木，组合设计，具有明显的季相变化

图4-33 常绿乔木香樟树群及其下层的绣球花灌木，层次分明，具有季相变化

图4-34 风景区中的香樟、樱花、小龙柏和草花树群景观，层次丰富

2.树林景观设计

见图4-35～图4-43。

（1）风景林景观设计　树林景观的总体布局要根据绿地的功能需要，结合山水地形的综合治理，因地制宜地统一布局，并与大环境相协调。

具体设计时应注意内部要集中成片，配植适宜生态环境的树种，外形样式和内部艺术样式相结合，其外围布局可采用规则式和自然式的围植。尽可能利用现有自然山水、森林地貌，规划风景旅游、休养所、森林公园、自然保护区等。

大规模地块的风景林景观设计，采用高大的乔木创造疏生树林景观，有利于人们进入林中娱乐、休息。也可以在林中设计一定的空旷地或草坪，以利于光线进入，增加游人兴趣。在大规模地块广场上适宜分散栽植，疏生林和密生林交互种植，可形成散开树林景观。林冠、林缘的轮廓都要有高低起伏和婉转迂回的变化，方便游人休息与观赏林中变换的四季景色。

小面积地块的风景林景观设计，可采用密植的方式，使得树冠郁闭，创造成片景观。也可以散植大型树木，树木栽植的株距较大，树冠不必郁闭，供游人进入散步、观赏树林景观。

风景林的树木密度，在正常情况下应按照成年树木的树冠直径大小设计。树林景观密度应该根据树种生物学特性、立地条件、环境功能等来决定。一般阳性树种生长快，应采取疏植的办法；阴性树种生长慢，应该密植；干旱瘠薄的立地条件应当密植；土壤立地条件好的可疏植；要求防风、防沙功能的树林景观应该密植。

① 风景林景观的竖向设计　表现树林层次，有一层、二层、三层树木组合。表现凸形树林，空中的树冠线呈中央高、两边低的状态。表现凹形树林，空中的树冠线呈中央低、两边高的状态。表现斜形树林，空中的树冠线呈左高右低或者右高左低的状态。表现水平＋凸形树林，是水平形和凸形相结合的形态式样。表现凸状连续形树林，凸形的连续形成了绿色的城墙景观式样。表现水平断续形树林，是水平形其中断续间隔的式样。表现波形树林，凹形与凸形树林相互连续，呈波状。表现多变形树林，空中的天际线变化丰富多样。

② 风景林树种选择　适地适树是树林景观设计的关键。首先要了解所处地块的气候、土壤、地势等自然条件，还要搞清楚所选树木的习性，以当地的树种为主。最好选用针叶树和阔叶树混交，这对于防风、防止病虫害、改善环境卫生、创造优美树林景观都非常有利。可以选用阳性树种和阴性树种混交，阳性树种为主要树种，阴性树种为伴生树种，这样可以促进主要树种的生长与发育，长期保持林相稳定，对于创造美丽的树林景观很有利。还可选用乔木树种和灌木树种混交，这对于土壤改良、防风、创造树林景观都很有利。

另外，潮湿地块的树林景观可选用枫杨、乌桕、白蜡、湿地松、水杉、池杉、落羽杉等树种进行设计。

（2）防护林景观设计

①城市的防风林景观设计　应选用城市外围上风向的地块营造防风林，防风林的走向设计应与主导风向垂直，以利于阻挡风沙对城市的侵袭。城市空气是随着大气流动而变动的，所以不能只考虑城市本地区防护林绿地，还要考虑城市周围的绿地，以调整大气流动的状况。

②卫生防护林景观设计　工厂有害气体、噪声等对环境影响程度不同，可根据有关地段设置不同宽度的防护林带，参见表4-1。城市的内河、海、湖等水边及铁路旁的防护林带宽应大于30m。据研究，大气中60%的氧气来自陆地植物，其余来自海洋。城市空气是随着大气流动而变动的，所以不能只考虑城市本地区防护林绿地，还要考虑城市周围的绿地，关注整个大气流动的状况。

③ 农田防护林景观设计　农田防护林应选择在农村附近、农田周围，在利于农业生产防风的地带营造林网，配置成长方形的网格状，要求林带的长边与常年风向垂直。

④ 水土保持林景观设计　水土保持林带，应选河岸、山腰、坡地等地区，采用密植的办法，以便固土、护坡，减少地面径流，防止水土流失。

图 4-35　散植的梅花树林，游人可以进入散步、观赏各种梅花

图 4-36　风景区湿地中的水杉、柳树等树林景观，具有明显的春秋季相的变化

图 4-37　高大的乔木水杉林，创造了疏生树林景观，大量日光进入，有利于人们进入林中娱乐、休息

图4-38　高大的常绿乔木柏树林，创造了密生树林景观，形成隔景，有利于游人在草坪上休息

图4-39　湿地公园中选用乌桕、枫杨和常绿灌木等设计的树林景观，层次分明，叶色季相景观丰富

图4-40　风景区中常绿树雪松与落叶树枫香等混交的树林景观，树冠天际线呈高低起伏的状态，季相变化丰富

图4-41 大规模地块中的毛竹竹林,形成了宏伟的竹海绿波景观

图4-42 风景区中大面积广玉兰、银杏等混交林景观,季相景观丰富

图4-43 红枫、悬铃木、雪松复层混交林景观,体现了丰富的季相变化

第四章 园林树木多数植株景观设计

表4-1　城市卫生防护林绿地定额指标

工业企业等级	卫生防护带宽度/m	卫生防护带数目/条	林带宽度/m	林带间隔/m
I	1000	3～4	20～50	200～400
II	500	2～3	10～30	150～300
III	300	1～2	10～30	150～300
IV	100	1～2	10～20	50
V	50	1	10～20	

四　经典案例介绍

1. 树群景观

见图4-44～图4-51。

图4-44　公园中局部空间的毛竹树群景观

图4-45　作为银色雕塑背景的香樟、桂花树群景观

图 4-46　花坪上的杨树树群
景观

图 4-47　公园中柏树、樟树
等多种树木的树群景观

图 4-48　草坪中的栾树树群
景观，具有良好的季相变化

图 4-49　红枫、金钟等树群景
观，增强了该空间的地形起伏

图4-50 常绿香樟和落叶银杏树群景观

图4-51 公园绿地中红枫、悬铃木、雪松构成的层次丰富的树群景观，既有绿色背景，又有色彩和季相变化

2. 树林景观

见图4-52～图4-65。

图4-52 风景区大面积层次丰富的梅花风景林景观

图4-53 常绿树广玉兰＋山桃＋花柏树球等树林景观

图4-54 杉木和茶树的景观林

图4-55 公园中色彩多变的红枫等树林景观

图4-56 河流水边的枫杨树林景观

图 4-57 风景区冷杉等常绿树和水杉等落叶树构成的景观林

图 4-58 香樟及紫叶李等花灌木构成的树林景观

图 4-59 常绿柳杉和落叶水杉生态湿地树林景观

图 4-60 香樟、樱花、红叶石楠和小龙柏构成的复合层次的树林景观

图4-61 松、柏常绿树
林景观，外围樱花环绕，具
有很好的生态和观赏效果

图4-62 大面积的常绿
树冷杉防风林景观

图4-63 梅花和茶树树
林景观

图4-64 水体中的河柳
树林景观

图4-65 刺槐树林景观

第五章
带状园林树木景观设计

带状园林树木景观设计，是由很多灌木或者乔木组合成长条带状的绿色景观设计。带状园林树木景观类型有树篱景观、树墙景观、树行景观、绿带景观等。带状园林树木景观具有很强的生态环境效益，在社区它能创造安静、美丽的生活环境；在公园它能分割空间，维护草坪、花坪或局部景观的安全；在园林绿地中它能创造配景，烘托主要景观；等等。

一 类型

图5-1　修剪整齐的红叶石楠树篱景观

图5-2　自然式的五色梅树篱景观

1. 树篱景观

用常绿灌木或小乔木成行成排密植成带状的绿化景观，其高度和宽度常保持在40cm左右，并形成绿篱的效果，称其为树篱景观，也称绿篱景观，有规则式树篱、自然式树篱等各种样式，具有分割空间、维护局部景观或设施的安全、美化环境等作用（图5-1～图5-4）。

2. 树墙景观

采用常绿或落叶灌木或小乔木创造的带状绿化景观，其高度达1.6m以上，宽度1m左右，具有墙的效果，称为树墙景观，可分为自然式树墙景观和规则式树墙景观，具有安全防卫的作用，并能分割空间、美化环境、净化空气（图5-5～图5-8）。

图 5-3　规则式的红花檵木、花叶黄杨绿篱景观

图 5-4　规则式小龙柏、红花檵木树篱景观

图 5-5　广场上的珊瑚树自然式树墙景观

图 5-6　庭院的茶花规则式树墙景观

图5-7　道路旁的桂花规则式树墙景观　　　　图5-8　公园路旁的珊瑚树规则式树墙景观

3.树行景观

按照一定的株行距，以直线或曲线的形式，成行栽植乔木、灌木所形成的景观，称为树行景观，又称为行列植景观，具有遮阳、组织交通、防护、净化空气等作用（图5-9～图5-11）。

图5-9　乔木水杉树行景观

图 5-10　道路分车绿带中海枣树行景观

图 5-11　乔木银杏树行景观

4.绿带景观

　　具有一定的带状种植面积，按照一定株行距，成行成排种植乔木、灌木和花卉等，形成的带状绿色景观称为绿带景观，具有休闲、娱乐、净化空气等作用（图 5-12 ~ 图 5-16）。

图 5-12　道路两旁杨树、香樟绿带景观

图 5-13　路旁的小龙柏、木槿、龙柏绿带景观

图5-14 河流边的垂柳绿带景观

图5-15 快速路两旁的凤凰树等绿带景观

图5-16 河流边的悬铃木、垂柳绿带景观

 二 应用

1. 树篱景观的应用

见图5-17～图5-22。

① 分割空间 树篱是由有生命的绿色小灌木景观树组成的，管理方便，并能持续形成分隔空间的景观。

② 美化环境 用在社区、公园、游园中，创造安静、安全、美丽的休闲空间。或者由于安全的需要，而在其他景观外围设立各种式样的树篱，借以创造层次丰富的绿色景观。

③ 烘托主景 树篱用在社区、公园、游园中的小品外围，作为配景，可以烘托主要景观，更加引人注目。

图 5-17 路旁用小叶黄杨等创造的树篱景观，可维护安静、美丽的休闲环境

图 5-18 广场环境周边的规则式龙柏树篱景观，用来突显主题以及维护交通和公众活动的安全

图 5-19 建筑环境旁由海桐、黄杨、红花檵木组成的花样绿篱景观，既美化了环境，又维护了建筑室内的安全

图 5-20 公园草坪周边的红花檵木球状树篱和草花景观，用来维护草坪

第五章 带状园林树木景观设计

图5-21 道路旁规则式的小龙柏绿篱景观，用来维护道路交通安全

图5-22 台阶中的海桐和红叶石楠绿篱景观，用来维护上下人员的安全

图5-23 道路旁的龙柏树墙景观，用来维护交通的安全

2.树墙景观的应用

见图5-23 ~ 图5-28。

① 分割空间 树墙是由有生命的绿色景观树组成的，管理方便，并能持续形成景观。树墙和砖石、水泥墙一样，都具有分隔空间、防尘、隔音、防火、防风、防寒、遮挡视线等作用。

② 美化空间 用在小区、公园、游园中，创造安静、安全、美丽的休闲空间。或者由于安全的需要，而在其他景观外围设立各种式样的围墙，借以创造层次丰富、小中见大的绿色景观，既可独立成景，又可与其他要素相结合，既可创造安静的山林休闲景观，也可形成生动活泼的娱乐景观。

③ 烘托主体景观，创造夹景或对景 树墙和其他的墙一样，具有遮挡视线等作用，可用来创造各种园林小品的绿色背景，烘托主要景观。也可以在道路两旁应用树墙的形式封闭两边的景观，突显道路端头的景观，形成对景或夹景。

图5-24 公路旁的夹竹桃自然式的树墙景观，既美化街景，又维护交通的安全

图5-25 墙体上的鸭脚木、络石树墙景观

图5-26 水体旁的蔷薇绿墙景观，既美化了环境，又维护了安全

图5-27 建筑前的金钟绿墙景观，既美化了建筑，又维护了室内的安全

图 5-28 公园中的珊瑚树绿墙景观，形成了雕塑的背景

3. 树行景观的应用

见图 5-29 ~ 图 5-34。

① 应用在道路两旁 作为行道树、绿柱、绿墙等，在园林中是比较整齐、有气魄的景观。

② 应用在河湖水体边 成行布置在水边、堤岸边，景观秀丽，具有保护堤坝的作用。也可以布置在农田周围，起到良好的防护作用。

③ 创造公园绿地景观 在公园大空间绿地中，用树行来分隔空间，有利于组织不同的娱乐活动。也可与花台桌凳结合，创造休闲的园林景观。

④ 用在建筑或小区绿地四周 树行布置在大面积小区绿地四周，景观秀丽，可以起到良好的安全防护作用。

图 5-29 绿地边缘整齐的水杉和桧柏树行景观

图 5-30 风景区中高大挺拔的杨树树行景观，围合出一个静谧的空间

图5-31　道路旁的黄山栾树树行景观

图5-32　道路分车绿带中的常绿树小叶榕树树行景观

图5-33　大草坪中的榉树树行景观，既分割了空间，又创造了透景

图5-34　水体周围的柳树树行景观

4. 绿带景观的应用

见图5-35～图5-40。

① 主要应用在风景区园林绿地中或道路两旁，形成整齐而有气魄的景观，具有遮阳、绿化环境、美化环境、维护交通安全的作用。

② 常应用在河湖沿岸和农田外围，具有防风和防护农田等效果和良好的生态作用。

图5-35　河湖沿岸的水杉绿带景观

图5-36　小区路两旁的各种花木组合绿带景观

图5-37　园林道路旁的绿带景观

图 5-38　风景区园林路旁以常绿树为背景的樱花和迎春花绿带景观

图 5-39　河流旁的水杉、河柳绿带景观

图 5-40　道路中央的绿带景观

三 设计原则和方法

1.树篱景观设计

见图 5-41～图 5-46。

（1）树篱景观种植设计　要使树篱保持整齐美观，长期具有防护作用，一般株行距设计为 0.3m，双行品字排列，高度设计保持在 40cm 左右，宽度保持在 40cm 左右。可设计成规则式或者自然式树篱景观。

（2）编织树篱设计　在自然生长的小灌木树篱景观的基础上，再将其枝条进行编织，可以形成各种树墙，安全性能更好，例如紫穗槐、木槿、枸杞、杞柳、三角枫等编织的树篱。

（3）树篱景观的维护　为了保证树篱植株正常美观，平时要进行适当修剪，保持梯形，促使阳光和水分能均匀进入内部枝叶，以促进树篱植株正常生长。如果是快生树，可以上下左右平剪；

如果是慢生树，可适当修剪枝条；树木生长势强时可重剪，树木生长势弱时应轻剪，以维护整齐美观的树篱景观为准。

（4）树篱的树种选择　适宜树篱的树种要求为生活力强，宜密植，分枝密，叶、花、果小而密，耐修剪的灌木或小乔木。

常绿树种有：小叶女贞、七里香、橘、黄杨、海桐、侧柏、月桂、千头柏、龙柏、桧柏、花柏、冬青、珊瑚树、六月雪、凤尾竹等。

半常绿树种有：金丝桃、迎春花、黄馨、杜鹃、三角枫、金银花等。

落叶花木有：木槿、紫荆、珍珠花、麻叶绣球、溲疏、锦带花、贴梗海棠等。

观果的有：枸骨、火棘、南天竹等。

图 5-41　规则式小叶黄杨、金叶女贞树篱景观设计，衬托了美丽的花坛

图 5-42　庭院水景环境中的金叶女贞树篱配景，烘托了主景喷泉

图 5-43　道路旁的丝兰自然式树篱景观，具有很好的观赏和防护作用

图5-44　景区自然式的树篱景观，用于维护游人和景观的安全

图5-45　水景旁的规则式珊瑚树树篱景观，既维护了游人的安全，又创造了水景

图5-46　公园道路旁的自然式丰花月季树篱景观，既维护了游人的安全，又创造了美景

2.树墙景观设计

见图5-47 ~ 图5-52。

（1）高树墙的设计　树墙高度一般设计在1.6m以上，为了保持一定的私密空间，往往设计在人们的视点以上。

（2）矮树墙设计　为了能够观赏到公园绿地或园林内部的景色，也可以将高度设计在1.5m左右，形成矮的树墙结构，或者设计成半透式的树墙结构，既能使游人看到园中景观，又能达到安全保护作用。

（3）树种选择　根据园林环境的性质功能不同，可选用各种不同的树种。原则上作为树墙的树种要求生长健壮，耐修剪，易管理，抗病虫害，例如珊瑚树、蜀桧、龙柏、女贞、黄杨、火棘、水蜡、山茶、石楠、木槿、香圆、三角枫等。

迎风口的树墙，应选择深根性抗风、抗寒能力强的柏树、山茶等树种，采用较高自然式种植，使形成不透式树墙。为了达到防火、防尘等效果，可以选用珊瑚树、石楠等树种创造绿色的隔离带树墙。

在遮阴处，可选择石楠、珊瑚树、栀子花等较耐阴的树种。

为了加强防卫特殊功能的需要，可选用香橼、枸骨、藤本月季、云实、木香等有刺的树木作绿墙。

（4）修剪管理　见树篱。

图5-47　高架桥下的由红花檵木、黄葛树组成的树墙景观

图5-48　道路旁的龙柏树墙景观，创造了障景，突显了主景

图5-49　公园中的柏树树墙景观，既组织了交通，又形成了绿色景观

图 5-50　小区外围和道路旁的云南素馨树墙景观，维护了小区的环境卫生和交通的安全

图 5-51　用于道路与建筑空间分隔的红叶石楠＋红花檵木＋黄杨组合树墙景观

图 5-52　古城墙基础墙面上的云南素馨、红叶石楠、杜鹃花组合树墙景观，层次清楚，富有生命力

3. 树行景观设计

见图 5-53 ~ 图 5-58。

（1）一行（列）直线形设计　一行列植，或一行曲线形列植，具有单一长形绿带景观效果。

（2）两列平行线形设计　两列平行线形或两行曲线形列植，具有双行长形绿带景观效果。

（3）圆形或半圆形设计　圆形或半圆形树行列植，具有圆形或半圆形绿带景观效果。

（4）四周呈方形围植设计　四周呈方形围植或长方形围植，具有方形或长方形绿带景观效果。

（5）外缘连续列植设计　在园林绿地的外围形成绿带景观。

（6）多层次的景观设计　采用自由列植、变形列植、复合列植，或者采用整齐的形式组合树行，可以形成多层次的绿化景观。

（7）树种选择　树行景观最好选择树冠整齐、高大、生活力强、宜密植、耐修剪、病虫害少的树种，例如，樟树、雪松、龙柏、桉树、悬铃木、七叶树、黄山栾树、银杏（雄株）、槐树等。在住宅、庭院、街头小块绿地四周常用等距离栽植女贞、冬青、木槿、黄杨、千头柏、珊瑚树等创造树行景观。

图5-53　道路旁水杉、雪松两行直线形列植树行景观

图5-54　道路旁银杏直线形多列树行景观

图5-55　广场中的常绿枇杷树树行景观

图 5-56　常绿树香樟树行和树篱组合景观

图 5-57　道路旁双行桧柏树行景观，前面配用小叶女贞绿篱、树球，显得规整、雄伟、有序

图 5-58　风景区中采用常绿马尾松进行直线形种植的树行景观

4. 绿带景观设计

见图 5-59～图 5-64。

（1）自然式绿带景观设计　常采用不同树种相互交错栽植，或前后进退波状种植，或散状栽植，形成宽窄不同的绿带景观。

（2）规则式绿带景观设计　在绿带中采用不同树种，按照一定的株行距，成行成排相互交错栽植乔木、灌木，形成规整的带状绿化景观；或者垂直上下两层，整齐栽植或自然栽植，形成连续规整的绿带景观。

（3）道路绿带景观设计　在道路旁，根据道路级别和功能的不同，按照一定的株行距，以直线或曲线的形式成行、成排地栽植乔木、灌木，形成绿带景观，具有很好的组织交通和生态绿化作用。

图 5-59 水体旁的水杉、柳树、黄杨复层绿带景观，蓝天、树景、水景形成一体

图 5-60 公园道路旁木瓜海棠绿带景观，可观赏花、果、叶

图 5-61 公园广场外围七叶树等绿带景观

图 5-62 道路旁的香樟绿带景观，四季常绿

图 5-63　陵园路旁的枫香、龙柏绿带景观，四季景观丰富

图 5-64　水杉绿带景观，具有农田防护作用

（四）经典案例介绍

1.树篱景观

见图5-65～图5-71。

图 5-65　路旁红花檵木树篱景观

图 5-66　道路旁的小龙柏树篱景观

图 5-67　红花檵木、大叶黄杨规则式树篱景观

图 5-68　小龙柏、红花檵木、红叶石楠规则式树篱景观

图 5-69　分车绿带上的红叶石楠、黄杨规则式树篱景观

图 5-70　公园中的小龙柏、红花檵木规则式树篱景观

图 5-71　路旁小叶黄杨规则式树篱景观

2.树墙景观

见图 5-72 ~ 图 5-76。

图 5-72　台阶旁的红花檵木树墙景观

图 5-73　停车场的黄杨树墙景观

图 5-74　路旁蜀桧树墙景观

图 5-75　路旁珊瑚树树墙景观

图 5-76　游乐场的珊瑚树树墙景观

3. 树行景观

见图5-77～图5-84。

图 5-77　建筑旁的龙柏树行景观

图 5-78　道路旁桂花树树行景观

图 5-79　陵园路旁的圆柏树行景观

图 5-80　公园路旁的樱花树行景观

图5-81　广场上的银杏树行景观

图5-82　道路两旁的悬铃木树行景观

图5-83　高大壮观的枫杨树行景观

图5-84　小区环境外围的木兰树行景观

4. 绿带景观

见图5-85～图5-89。

图 5-85 河流堤岸上的
杨树绿带景观

图 5-86 水渠和道路旁
的水杉绿带景观

图 5-87 风景区的紫叶
李和八角金盘绿带景观

图5-88　道路两旁的樟树绿带景观

图5-89　河流湿地旁的杨树绿带景观

第六章
园林树木造型艺术景观设计

园林树木造型艺术景观设计，是通过人工对园林树木或木质藤本植物修剪、组合进行创造的景观设计。园林树木造型艺术景观类型有园林树木造型艺术景观、木质藤本植物造型艺术景观等，它们具有很好的美化环境、净化空气、改善局部小气候的作用，很受人们的欢迎。

 **一 类型**

1. 园林树木造型艺术景观

园林树木造型艺术景观是园林艺人根据造型艺术原理和树木的自然造型和生长特性，参照塑造物的形状大小，通过修剪、绑扎、扭捏、拉动等工序，所创造的有生命的造型艺术景观。例如几何形、云片形、动物形、建筑形、花瓶形、文字标题等造型艺术景观，它们都具有很好的观赏特性（图6-1～图6-4）。

图6-1　通过人工修剪的黄杨树球景观

图6-2　通过人工绑扎和修剪的小叶女贞动物造型艺术景观

图6-3 通过两丛桂花树丛的种植和修剪创造的门洞景观

图6-4 通过瓜子黄杨小灌木的种植和修剪创造的标题字景观

2. 木质藤本植物造型艺术景观

使用园林木质藤本植物覆盖墙壁、石坡、悬壁，或在阳台、花棚架、庭廊等处所创造的园林艺术景观，称为木质藤本植物造型艺术景观，也可称为垂直绿化景观（图6-5～图6-8）。木质藤本植物有：缠绕藤本，它们的茎和枝条都有很好的缠绕功能，例如紫藤等；攀缘藤本，它们的气生根具有很好的攀缘特性，如常春藤等；吸附藤本，其枝上有吸盘，如爬山虎等；卷须藤本，它们具有很好的卷须特性，如葡萄等。木质藤本植物造型艺术景观具有很好的遮阳、防尘、分割空间、观赏和休闲效果。

图6-5　园林木质缠绕藤本紫藤廊架艺术景观

图6-6　园林木质藤本炮仗花的花墙艺术景观

图6-7　攀缘在建筑墙面上的常春藤绿色景观

图6-8　凌霄气生根吸附在墙面上的造型艺术景观

1.园林树木造型艺术景观的应用

见图6-9～图6-16。

① 用作主要景观　常用在草坪、路旁，或布置在公园、广场、大门前等重要部位，或者设置在公园游人视线的焦点上，创造主景。

② 作配景应用　用在重要建筑出入口或者道路边，作为配景使用，借以烘托建筑主体。

③ 点缀庭院或室内　制作盆景或盆栽，布置在机关、学校、工厂、小区庭院和室内，令人赏心悦目、心旷神怡。

图6-9　修剪小叶黄杨形成的主题字景观

图6-10　常作为公园绿色门洞的柏树造型艺术景观

图6-11　园林大门对景中的柏木树桩造型艺术景观

图6-12　坡地上的红花檵木、龙柏树球造型艺术景观

图6-13 公园、广场中的桧柏树木造型艺术景观

图6-14 公园草坪上的主景紫薇花瓶造型艺术景观

图6-15 道路广场中的小叶黄杨时钟造型艺术景观

图6-16 公园绿地中的珊瑚树编钟造型艺术景观

2.木质藤本植物造型艺术景观的应用

见图6-17～图6-24。

① 绿化美化绿廊、花架。由于木质藤本攀缘缠绕植物茎秆较长，不能直立，它具有占用土地面积少、绿化面积大的特点，常应用木质缠绕植物在花棚架、庭廊等处进行绿化，以创造可爱的艺术景观。

② 绿化美化建筑、阳台、屋顶。许多藤本植物对土壤、气候要求并不苛刻，而且生长迅速，当年见效，用它来掩饰建筑物上的弊端或缺陷，美化屋顶、阳台等处，不仅可增添庭园美景，也可提供遮阳场所。

③ 美化园墙、石坡、悬壁。利用攀缘植物茎秆较长的特性，使其覆盖墙壁，在园林建筑物上创造出绿色的墙面，还可创造出花棚架、花栅栏、绿拱门、绿灯柱和变化的假山、护坡、悬壁等各种造型，可借此来分隔空间，形成绿色屏障或背景。当墙面与平面屋顶绿化融为一体时，可使建筑物变得更加生动活泼。

④ 绿化枯萎老树景观。应用常绿木本攀缘植物覆盖在枯萎老树上，可使枯萎的老树形成生动活泼的绿色艺术景观。

图6-17 用蔷薇和地锦绿化美化建筑园墙，创造夏季阴凉的室内环境

图6-18 复活造型艺术景观——凌霄美化枯萎的老树

图6-19 庭院花墙上的园林木质藤本蔷薇造型艺术景观

图6-20 山石上的木质藤本地锦覆盖悬壁艺术景观

图6-21 用木质藤本油麻藤创造的花棚架艺术景观

图6-22 应用花叶扶芳藤创造的盆栽悬挂景观，可装点室内和庭院空间

图6-23 应用紫藤创造的空中悬挂艺术景观

图6-24 用木质藤本爬山虎绿化美化建筑墙面景观

三 设计原则和方法

1. 园林树木造型艺术景观设计

见图 6-25～图 6-32。

（1）制作设计图纸　根据展示现场和功能的需要，作出造型的设想图，包括具体比例和尺寸大小。

（2）选择植株树形　按照设想图的比例、轮廓和具体尺寸大小，找出比较合适的原生树木植株，找出该树木植株的局部枝条是否与设计图所要求的造型相近似，还要找出哪个部位用枝多，哪个部位用枝少，哪个枝条可用来创作局部造型，等等。

（3）具体造型制作

① 简单造型　简单的几何形状景观，可根据现场灌木生长情况不同和功能展示需要，因地制宜地修剪成各种造型。

② 复杂造型　较复杂的造型艺术景观，可根据功能的需要，参照图纸尺寸大小和造型树木的轮廓，制作金属固定架。在固定轮廓的控制下，进行绑、扎、扭、捏、拉、剪、疏等工序，使植株与金属固定架相吻合。例如，动物造型，首先要从头开始，而后制作身部，最后完成尾部；建筑造型、蟠龙柱造型等，先从下面开始，逐渐向上修剪制作。若将这些造型再度组合，则可以形成更生动的造型，激发人们的欣赏情趣。

平时要加强树木立体造型景观的水肥管理，促进树木的枝叶生长。平时适当修剪，直达完美。特别是春秋两季植株生长旺盛，萌发新枝较多，故在春秋两季必须加强造型修剪。

（4）树种选择　树种选择的原则是：选择那些小枝稠密、小叶柔嫩、树冠丰满、生长旺盛的幼年植株。制作横向动物造型时，可选用下部树冠宽的树种，如刺柏、松树、五角枫、榔榆、三角枫等。制作圆形的园林树木造型时，可选用树冠圆满的树种，如小叶女贞、白蜡、黑松、枸骨、大叶女贞等；制作较高的造型时，可选用树冠苗条的树种，例如桧柏、圆柏、龙柏等。

图 6-25　公园草坪上的绣线菊树球造型艺术景观，创造了春天的雪景

图 6-26　公园里的杜鹃花、红叶石楠、红花檵木树球造型艺术组合景观，具有很好的韵律感

图 6-27　庭院中的黄杨云片树桩造型艺术景观，创造了枝叶凌云的古老树景观

图 6-28　公园广场花台上的红叶石楠树球和杜鹃花组合艺术景观

图6-29 公园入口空间的主景——小叶女贞造型艺术景观

图6-30 广场外围的小叶黄杨图案花纹造型艺术景观

图6-31 公园广场上的主景——络石大象和小象造型艺术景观，情趣横生

图6-32 公园绿地上的紫薇孔雀造型艺术景观，营造了喜悦的气氛

2. 木质藤本植物造型艺术景观设计

见图6-33～图6-44。

（1）花架、花廊、花门组合造型艺术景观设计　在园林绿地中可以将花架、花廊、花台、水池、大树等相结合，创造组合造型艺术景观。如果廊架下是水泥铺装，则可在其旁做种植槽或放种植缸，但下面一定要开设排水孔，放入人工培养土或泥炭土，平时注意浇水。在垂直绿化棚架的周围可以适当种植些花灌木，以丰富绿化层次，减少土中水分蒸发。

（2）悬壁景观设计　在公园假山或高速路旁的山体悬壁上，可选择带有气根或吸盘的木质藤本植物（如爬山虎、薜荔等）来创造悬壁绿色景观。它们生长快，效果好，既可以遮阳降温，又可以形成生动的画面，还可观赏叶色变化。

（3）绿墙景观设计　用水泥、砖石、铁栅栏等建筑材料做成的各种花墙，尽管建有各种花格、花窗和其他各种不同的造型，但是它毕竟还是无生命的建筑物，不能起到净化空气和改善环境的作用。要想弥补这些缺点，可在墙旁用紫薇、凌霄、常春藤、木香等藤本植物来创造艺术景观，使墙面披以绿色外衣，花开时生机倍增，植物的花色与墙面的颜色应有所对比，如白色的墙面配以金红色的凌霄花，对比鲜明，引人注目。有魅力的花木翻越墙头时，也美化了园外大环境，引人喜爱。

（4）木质藤本植物的选择　园林木质藤本造型艺术景观设计时，要根据不同的环境特点、功能要求，科学选择园林木质藤本的种类，进行合理的配置。常用的有：紫藤、金银花、木香、野蔷薇、络石、忍冬、凌霄、葡萄、爬山虎、常春藤等。

门栅、花廊、花架、栅栏、竹篱、花格窗、灯柱等处，可以选择藤本蔷薇、常春藤、木香、木通、凌霄、紫藤、扶芳藤、猕猴桃、油麻藤、金银花、葡萄、三角花、炮仗花等，既美观，又可遮阳，当然这种花格棚架要求坚实牢固、造型耐久、新颖美观，色彩与植物色相协调。

粗糙墙面可在墙下土地上种植带吸盘的藤本植物，如爬山虎、五叶地锦、常春藤、薜荔、凌霄、络石等，使其爬在墙上成为自然的墙罩，不仅美化墙面，还可以防止风雨侵蚀、日光暴晒。

在光滑的墙面上，则可用竹、木条或者铁丝制作图案并装在墙面上，再用藤本植物攀缘而上，不仅可形成绿色花纹图案和绿色的墙罩，而且富有季相的变化。向阳的墙面可选爬山虎、凌霄；背阳的墙面可选用常春藤、薜荔、扶芳藤等。

高大的墙面绿化，可选用爬山虎、五叶地锦、青龙藤等。如果墙面矮小，可选用扶芳藤、薜荔、常春藤、络石、凌霄等。

要求食用，可选用葡萄、猕猴桃、金银花等植物。

为了取得一年四季常绿的效果，可用薜荔、常春藤等常绿木质藤本植物。

图 6-33　墙面设计——
紫藤垂直绿化景观

图6-34 采用木质藤本凌霄设计庭院花架景观，具有观赏和安全防护功能

图6-35 采用木质攀缘植物爬山虎创造墙面景观

图6-36 设计在高墙上的炮仗花、常春藤立体艺术景观，具有很好的观赏和防护作用

图6-37 用木质缠绕植物紫藤创造的花架艺术景观，具有很好的观赏、遮阳和休闲效果

图6-38 木质藤本凌霄构成的假山石绿色景观，突显了太湖石的永恒和富有生命力

图6-39 木质藤本凌霄的花架绿色景观，形成了绿色美丽的生活环境

图6-40 木质藤本月季构成的庭院围墙绿化景观，创造了美丽安全的环境

图 6-41　木质藤本爬山虎构成的石壁绿色景观，表现了绿色植物顽强的生命力

图 6-42　木质藤本常春藤构成的石壁绿化景观

图 6-43　用木质藤本紫藤创造的屋面造型艺术景观，美丽的亭廊给人温馨的感受

图 6-44　用木质藤本三角梅创造的绿色花架景观，具有观赏、防护的效果

四 经典案例介绍

1. 园林树木造型艺术景观

见图6-45～图6-58。

图6-45　道路旁红叶石楠树球造型艺术景观

图6-46　公园中的小叶女贞树球和杜鹃花造型艺术景观

图6-47　路旁的常绿树红花檵木树球造型艺术景观

图 6-48　草坪中的主景——石楠、黄杨组合造型艺术景观

图 6-49　公园草坪上的榆叶梅树球造型艺术景观

图 6-50　红花檵木造型艺术景观

图 6-51　公园绿地中的柏树绿柱造型艺术景观

图6-52 紫薇和小叶女贞树木造型
艺术景观

图6-53 公园的主景——琅玡榆造
型艺术景观

图6-54 公园的主景树球——海桐
和石楠造型艺术景观

图 6-55 花箱中的金银花、三角梅、菊花等组合造型艺术景观

图 6-56 组合花台上的金叶女贞、杜鹃等造型艺术景观

图 6-57 公园中使用蜀桧创造的门洞造型艺术景观

图 6-58 使用龙柏创造的门洞造型艺术景观

2. 木质藤本植物造型艺术景观

见图6-59～图6-77。

图 6-59　太湖石上的软枝黄蝉造型艺术景观

图 6-60　木质藤本地锦花架造型艺术景观

图 6-61　木质藤本叶子花的造型艺术景观

图 6-62　木质藤本木香的花架造型艺术景观

图6-63　木质藤本爬山虎的绿色城墙造型艺术景观

图6-64　爬山虎在高架桥上的造型艺术景观

图6-65　木质藤本绿萝在枯萎老树上的造型艺术景观

图6-66　木质藤本木通在花廊上的造型艺术景观

图 6-67 木质藤本爬山虎在墙面上的造型艺术景观

图 6-68 建筑外墙的木质藤本常春藤造型艺术景观

图 6-69 园林外墙的木质藤本地锦造型艺术景观

图6-70　水体驳岸的云南素馨造型艺术景观

图6-71　建筑墙面的常春藤造型艺术景观

图6-73　建筑墙面的爬山虎绿色景观

图6-72　建筑墙面的爬山虎造型艺术景观

图6-74　高架桥桥墩上的藤本月季造型艺术景观

图6-75 蔷薇花架造型艺术景观

图6-76 公园游步道夹竹桃绿廊造型艺术景观

图6-77 建筑墙面的木通造型艺术景观

第七章
园林木本植物
地被景观设计

　　园林木本植物地被景观设计，是指利用覆盖在地表的木质藤蔓或蔓生植物、低矮灌木或修剪整齐的小乔木创造的景观设计。园林木本地被植物的适应性广，生态习性多样，抗逆性强，有很多常年绿色，并有较长的花期，种植后无须经常更换，养护管理方便。园林木本地被植物不仅丰富了园林绿地的色彩，而且还具有减少尘埃与细菌的传播、净化空气、降低气温、改善湿度、减少地面辐射等生态作用。园林木本地被植物能覆盖树下裸露的土壤，增加植物景观层次，还能覆盖空旷地面、挡土墙、巨石或裸露山体，并能防止土壤冲刷，保持水土，减少或抑制杂草生长等。园林木本地被植物景观类型有：规则式、自然式、综合式。

一　类型

1. 规则式木本植物地被景观

　　面积较小的绿色地块，具有一定的轴线关系，按照几何形状布置修剪整齐的木本地被植物所创造的景观，称为规则式木本植物地被景观，也称为几何式或图案式木本植物地被景观（图7-1~图7-4）。

图7-1　几何图案式的小叶黄杨、红花檵木、金叶女贞地被景观

2. 自然式木本植物地被景观

　　在没有一定的轴线关系、面积较大的绿色地块中，由自然配植或自然生长的木本地被植物构成的景观，称为自然式木本植物地被景观（图7-5~图7-8）。

图7-2　圆形图案式的红花檵木和金叶女贞地被景观

图7-3 在几何形的地块中，修剪整齐的金叶女贞和红叶石楠规则式地被景观

图7-4 大面积长方形图案式小龙柏和草花羽衣甘蓝地被景观

图7-5 道路旁的丰花月季自然式地被景观

图7-6 公园里的鹿角柏等自然式地被景观

图7-7 树林下常春藤自然式地被景观

图7-8 树林下鸡毛竹自然式地被景观

3. 综合式木本植物地被景观

在绿色地块中，没有一定的轴线关系或者局部具有轴线关系，以修剪整齐的木本地被植物为主，和自然生长地被植物或草本植物混合布局所构成的景观，称为综合式木本植物地被景观（图7-9～图7-12）。

图7-9 布置在道路交叉口的阴绣球、金叶女贞、红花檵木和草本植物综合式地被景观

图7-10　月季花、丰花月季、金叶女贞、鸢尾等形成的综合式地被景观

图7-11　红花檵木、瓜子黄杨、长春花等形成的综合式地被景观

 　红花檵木、金森女贞形成的综合式地被景观

二 应用

1.规则式木本植物地被景观的应用

见图7-13～图7-20。

（1）用来衬托主景　在规则式的园林小品、雕塑、主体水池、建筑等景观的周围，常选用矮生木本地被植物来烘托主景。

（2）用作广场地被　在公园或重点场馆广场的几何形地块中，采用大色块布局，可突出群体美，形成该空间的主要景观，使游人能不断欣赏到不同季节的景色。

（3）用作花境地被　在道路的分车绿带中或者在主干道和主要景区的道路旁，可选择彩叶和一些花朵艳丽、色彩多样的小灌木地被组成花境丰富的道路景观。

（4）用在堤坝护坡　用在堤坝坡地或者高速公路旁山坡上的几何形地块中，采用色块布局，可突出群体美，形成该空间的主要景观，还可以防止坡地的水土流失。

图7-13　道路旁修剪整齐的红叶石楠和金叶女贞规则式地被景观，烘托了上层的乔木景观

图7-14　在建筑出入口对称布置的杜鹃花规则式地被景观，用于陪衬建筑

图7-15　大型广场中的瓜子黄杨规则式地被景观，可烘托主体建筑景观

图7-16　道路旁的红叶石楠、红花檵木等规则式地被景观，衬托了主体树

图 7-17　建筑前广场中的小龙柏规则式地被景观，形成了该广场的主景

图 7-18　建筑旁的小叶黄杨规则式地被景观，衬托了主体建筑

图 7-19　护坡地上的红花檵木、小叶黄杨规则式地被景观，维护了堤坝安全

图 7-20　大型广场上的小叶黄杨、红花檵木规则式地被景观，可绿化广场，烘托主景雕塑

2. 自然式木本植物地被景观的应用

见图7-21～图7-29。

（1）空旷地绿化　自然式木本植物地被景观常用在公园绿地、自然式地块的园林空间、绿色挡土墙、裸露山体、自然山坡、林缘坡地或高速公路旁等处。

（2）用作覆盖岩石地面　自然式木本植物地被景观常用来美化风景区、公园、庭院中的各种景观石、岩石面、抽象雕塑等，使一些无生命的景观更加自然、更加生动活泼且富有感染力。

（3）常用在树林下　在较高的乔木林下，使用耐阴木本地被植物，能覆盖树下裸露的土壤，减少水土流失，并能增加植物层次感，扩大单位叶面积指数，提高生态效益。耐阴、耐湿、终年常绿、整齐茂密、生机盎然的木本植物，致使杂草无法生长，可大大减少除草成本。

图 7-21　布置在林下的小灌木南天竹自然式地被景观

图 7-22　布置在护坡环境中的小灌木杜鹃花自然式地被景观

图 7-23　布置在林下的自然生长的杜鹃花小灌木地被景观

图7-24 布置在山坡上的常春藤自然式地被景观，可起到护坡作用

图7-25 布置在道路旁的小灌木金森女贞自然式地被景观

图7-26 布置在疏林下的常绿小灌木鹅掌柴自然式地被景观

图7-27 应用在岩石上的爬山虎自然式地被景观

图7-28 布置在道路旁的络石自然式地被景观

图7-29 小区中的金叶女贞自然式地被景观

3.综合式木本植物地被景观的应用

见图7-30~图7-37。

（1）用来衬托主景 在主景雕塑、建筑、主体水池等小品景观的周围，常选用综合方式配置矮生木本地被植物烘托主要景观。

（2）用作广场地被 在公园或场馆广场地块中，常采用大色块的综合式木本地被植物布局，以突出群体美，形成该空间的主要景观，使游人能不断欣赏到不同季节的景色。

（3）用作花境地被 用在道路旁的绿带中，选择彩叶和一些花朵艳丽、色彩多样的小灌木地被，可形成综合式花境，丰富道路景观。

（4）用作空旷处地被 综合式木本植物地被景观常用在不规则的公园绿地、广场、绿色挡土墙、裸露山体等处，也可用在山坡、林缘等处，起到护坡和美化的作用。

（5）常用在树林下 在乔木树林下，使用耐阴木本地被植物，能覆盖树下裸露的土壤，减少水土流失，并能增加植物层次感，扩大单位叶面积指数，提高生态效益。耐阴、耐湿、终年常绿、整齐茂密、生机盎然的木本植物，致使杂草无法生长，可大大减少除草成本。

图7-31　在道路旁规整地块中自然生长的杜鹃花形成的综合式地被景观

图7-30　用在停车场环境中的黄杨、金叶女贞、红叶石楠、红花檵木综合式地被景观

图7-32　在公园规整地块中自然生长的杜鹃花形成的综合式地被景观

图7-33　在公园草坪中树林下自然生长的杜鹃花、红花檵木等形成的综合式地被景观

图7-34 在道路旁修剪整齐的瓜子黄杨、黄杨球等和花木、草坪等形成的综合式地被景观

图7-35 在公园路旁自然布置的修剪整齐的小叶黄杨、黄杨等综合式地被景观

图7-36 用在坡地上自然布置的修剪整齐的红叶石楠、金叶女贞、杜鹃花等综合式地被景观

图7-37 在建筑旁自然生长的铺地柏和修剪整齐的金叶女贞形成的综合式地被景观

三 设计原则和方法

1. 规则式木本植物地被景观设计

见图7-38～图7-46。

（1）与总体规划布局协调　木本植物地被景观的设计，首先要考虑符合总体规划布局的要求和木本地被植物的自身特性，做到层次分明，与总体环境协调。

（2）突出群体美　在公园大门、大型场馆前广场，园林空间的空旷地面，及挡土墙、裸露山体等处，多采用大手笔、大色块的方式配置规则式木本植物地被景观，借以突出群体美，以鲜艳的色彩或图案吸引游人。

（3）烘托主要景观　大面积设计规则式木本植物地被景观，形成群落，可突出低矮植物的群体美，并烘托主要景观。规则式木本植物地被景观不仅美化了环境，而且具有很大的生态功能，可起到画龙点睛的作用。在规则式的水池、雕塑、花坛、建筑小品外围，布置低矮整齐的木本地被植物，留有一定的观赏场地，可使景观具有立体层次感，使主体景观更加引人注目。

（4）丰富道路景观　在风景区、公园的道路旁，采用规则式木本植物地被组成花境，注意高矮和色彩的谐调，适当搭配多年生宿根、球根植物，可体现季相变化，使得道路更加美观。

（5）美化净化环境　在自来水厂、精密仪器厂、街心绿地等，尽量采用规则式地被植物设计，或选用常绿矮生的灌木绿化环境，既可以保证安全的视线，又可以减少粉尘对水质、空气的污染。

（6）创造树坛景观　在高大的孤立木树下或在广场的大树下，常采用几何形的树坛，在半阴状态下，常用耐阴木本地被植物创造树坛景观，既有利于观赏，也方便休闲。

（7）木本地被植物的选择　规则式木本地被植物景观，应选择成活率高、抗旱性强、能安全越冬、能安全越夏、繁殖容易、耐修剪、少病虫害的木本地被植物，可采用两种以上的地被植物混种或轮作，但不能采用过多种类种植，以免显得杂乱。可选用的植物有六月雪、龟甲冬青、南天竹、金银花、水蜡、红叶小檗、红花檵木、金叶女贞、黄杨、小叶黄杨、连翘、桧柏、金钟等。

图7-38　在建筑外围的树坛中布置的小龙柏规则式地被景观，既可起到衬托主体树的作用，又方便人们休息

图7-39　广场中的瓜子黄杨、红叶小檗规则式地被景观，既可丰富道路景观，又能体现季相变化

图 7-40 道路旁的红叶石楠、小叶黄杨规则式地被景观，丰富了道路景观

图 7-41 公园道路旁规则地块上的红花檵木景观

图 7-42 建筑前道路旁的小叶黄杨规则式地被景观，既可丰富建筑前景观，又能体现季相变化

图 7-43 规整地块中的红叶小檗、金叶女贞等规则式地被景观，既有纵深感，又有季相变化

图7-44 规整的树坛上的杜鹃花，既可覆盖树坛，又能烘托主体树，也方便人们休息

图7-45 广场宣传栏前面的红叶石楠规则式地被景观，既烘托了主体宣传栏，又绿化了广场

图7-46 建筑广场中的瓜子黄杨、红花檵木规则式地被景观，既可覆盖广场地面，又能烘托主体景观

2.自然式木本植物地被景观设计

见图7-47～图7-55。

（1）突出主体 自然式木本地被植物布置，要使群落层次分明，突出主体，绝不能主次不分或喧宾夺主。例如同种树和不同种树相互交错栽植，前后进退的波状带植，栽植带中散状栽植，宽、窄不同的自然配植等，要求层次清楚，突出主体，不能无规律可循。

（2）协调环境，保持水土 自然式木本植物地被景观的配置，应考虑与周围环境的协调。例如在山边林下的自然式配置，则可选择一些高低错落的植株、花色多样的品种，使群落呈现活泼自然的野趣。

某些木本地被植物单体感很强，但对地面的覆盖力较弱，如果地坪未处理好，不仅会降低景观效果，还会导致水土流失。这时可在其中种植其他种类地被植物，以便增加景观效果、保持水土。例如在常春藤地被中，可点缀花卉鸢尾；在单纯的铺地柏地被中，可增加一些亮叶的常春藤等。

　　（3）强调特性　自然式木本植物地被景观的设计，要根据地被植物的适应性、生长高度、绿叶期、花期等自身特性进行。例如，杜鹃是枝繁叶茂、花朵绚丽的种类，要求阴性环境和酸性土壤。

　　（4）丰富层次　自然式地被景观，多用在林下郁闭度高、阴湿的环境，因此必须选择耐阴地被植物，主要起衬托作用，借以突出上层乔灌木的优良景观效果。地被植物与上层树木形成的组合，能产生各种不同的叶色、花色、果色，错落有致，层次丰富。

　　在疏林下，由于上层乔灌木较稀疏，分枝点较高，种植地面比较开阔，林下可选用一些较高的地被植物，例如十大功劳、八仙花、臭牡丹等。在密林下，上层乔木分枝点较低，则应选用较低矮的地被，或可采用不同地被植物混合种植，例如小叶扶芳藤、蔓长春花、花叶蔓长春等。还可以种植石蒜属植物，开花时节各种配植各有不同的韵味。

　　落叶树林下，可选择常绿地被植物（如小叶扶芳藤、花叶蔓长春等），使其充满生机。常绿树林下，应选用一些耐阴性强、花色明亮、花期较长的种类（如臭牡丹等），以丰富色彩。

　　（5）色彩组合　在开花的树林下，应考虑木本地被植物开花的色彩，根据设计要求可以考虑同期开花的相互对比，也可以考虑花期的前后错开。如巨紫荆的花为紫色，其下层可成片种植色彩明快且与之相互协调的花卉。在叶色深绿的乔木下，可成片配植叶色较浅的地被植物，例如桃叶珊瑚等。在叶色黄绿的水杉林下，则可配植一些叶色深绿的常绿地被植物（如八角金盘等）作陪衬，使层次清晰，更加美丽。

　　（6）树种选择　自然式木本地被植物材料应选择植株低矮、整齐一致的品种。特别是用在高速公路等护坡上，应选用成活率高、生长快、抗旱性强、能安全越冬、能安全越夏、繁殖容易、养管粗放、生长势强、少病虫害的木本地被植物，如洒金珊瑚、狭叶十大功劳等；或者选用一些萌发力强或分蘖能力强的木本地被植物，如金丝桃、迎春、常春藤、爬山虎、凌霄、紫藤、箬竹、菲白竹等。

　　常用的自然式木本地被植物有六月雪、龟甲冬青、南天竹、金银花、南蛇藤、爬山虎、五叶地锦、野葡萄、络石、美国凌霄、常春藤、紫叶小檗（又称红叶小檗）、金叶女贞、铺地柏、扶芳藤、小叶黄杨、连翘、十大功劳、小叶女贞、红花檵木、杜鹃花、八角金盘、桃叶珊瑚、栀子花等。也可以采用一些蔓生的木本地被植物来设计自然式木本植物地被景观。

图7-47　布置在树林下的扶芳藤自然式地被景观　　　图7-48　布置在树林下的铺地柏自然式地被景观

图 7-49 布置在树林下的熊掌木自然式地被景观

图 7-50 布置在草坪边缘的杜鹃花自然式地被景观

图 7-51 布置在疏林下的红花檵木自然式地被景观

图 7-52 布置在小游园中的阴绣球自然式地被景观

图 7-53　布置在路旁的络石自然式地被景观

图 7-54　布置在树林下的扶芳藤自然式地被景观

图 7-55　布置在树林下的常春藤自然式地被景观

3. 综合式木本植物地被景观设计

见图 7-56 ~ 图 7-63。

（1）服从总体布局　综合式木本植物地被景观设计，首先要考虑符合该绿地总体布局的要求，结合绿地功能的需要和自身特性，做到层次分明，突出主体，绝不能主次不分或喧宾夺主。

（2）设计小面积地被景观　绿地面积较小时，则应选用较低矮的耐阴常绿十大功劳、枸骨等地被。在水池、雕塑、花坛、建筑或小品外围，可选择一些低矮的木本地被植物综合式布置在后面，其前面布置更矮的花卉植物，使其有立面层次的变化，主体景观更能引人注目。

（3）设计大面积地被景观　大面积地被景观设计可以采用两种地被混种或轮作，但不宜采用过多种类种植，以免显得杂乱；也可采用一些生长旺盛的蔓生木本地被植物来组织景观，并给主要景观的周围留有一定的观赏视距，不仅可美化环境，而且还可提高生态功能。例如在公园大门前、大型场馆前广场中、园林空旷地面、挡土墙、裸露山体等处，多采用大手笔、大色块的方式创造综合式木本地被植物特色景观。

（4）协调环境，保持水土　综合式木本植物地被景观设计，应考虑与周围环境的协调。例如在山坡，则可选择一些高低错落的植株，或增强地形的变化，或减弱地形的变化；在比较平整的林下或空旷地上，布置修剪整齐的木本地被植物，可形成花色多样的品种色块。

某些木本地被植物单体感很强，但对地面的覆盖力较弱，如果地坪未处理好，不仅会降低景观效果，还会导致水土流失。这时可在其中种植其他种类地被植物，以便增加景观效果、保持水土。例如在常春藤地被中，可点缀花卉鸢尾；在单纯的铺地柏地被中，可增加一些亮叶的常春藤等。

（5）避免遮挡视线　在道路旁，可利用木本地被植物组成综合式花境，注意高矮和色彩的谐调，再搭配以多年生宿根、球根植物，适当选择开花地被体现季相变化，既能使游人不断欣赏到各色景观，又不会阻挡行人的视线。

（6）特殊环境的设计　在街心绿地、自来水厂、精密仪器厂等特殊环境中，尽量选用一些综合式木本地被植物，例如花朵艳丽、色彩多样矮生的木本地被植物（如迎春花、金钟花、杜鹃等），配上红花酢浆草、葱兰以及其他时令草花等，既可维护场地的安全，又可减少粉尘对水质、空气等的污染。

（7）层次设计　综合式地被景观，多用在不规则的树林下，在树阴下，要选择耐阴地被植物，借以突出上层乔灌木的优良景观效果，丰富层次的变化。在开花的树林下，应考虑木本地被植物开花的色彩，根据设计要求可以考虑同期开花的相互对比，也可以考虑花期的前后错开。例如巨紫荆下可成片种植杜鹃花，紫色与粉红色对比明快又相互协调；在深绿的树林下，可配植成片叶色较浅的地被植物，例如桃叶珊瑚等；在叶色黄绿的水杉林下，则可配植一些叶色深绿的常绿地被植物（如八角金盘等）作陪衬，使层次清晰，更加美丽；在落叶树林下，可选择常绿地被植物，如小叶扶芳藤、花叶长春蔓等。

（8）树种选择　综合式地被植物的选用，要根据木本地被植物的适应性、生长高度、绿叶期、花期等自身特性进行。例如，杜鹃是枝繁叶茂、花朵绚丽的种类，要求阴性环境和酸性土壤。各地区都有丰富的地被植物资源，本地的地被植物具有很大的开发与利用潜力。所以在规划地附近的野生木本地被植物的利用，就显得非常重要，不仅能降低成本，富有野趣，体现地方特色，还能保持长期稳定性。常用木本地被植物有迎春、常春藤、爬山虎、凌霄、紫藤等。

图 7-56　大型坡地上自然生长的杜鹃花、金叶女贞、黄杨等综合式地被景观

图 7-57　大型广场中的黄杨、丰花月季和草花综合式地被景观

图 7-58　广场上小叶黄杨、红花檵木、草花等综合式地被景观

图 7-59　坡地上的杜鹃花和草花等综合式地被景观

图 7-60　大型广场中的金叶女贞、黄杨、红叶石楠等综合式地被景观

图7-61 大型广场中的长春花、黄杨、杜鹃花和草花等综合式地被景观

图7-62 草坪上的金叶女贞、小叶黄杨、红花檵木和草坪综合式地被景观

图7-63 广场上的小叶黄杨、红花檵木等综合式地被景观

四 经典案例介绍

1. 规则式木本植物地被景观

见图7-64～图7-68。

图 7-64　建筑旁的杜鹃花、红花檵木、花叶黄杨规则式地被景观

图 7-65　大型建筑广场中的金叶女贞、红叶石楠规则式地被景观

图 7-66　公园中的小叶黄杨、红花檵木等规则式地被景观

图 7-67　大型广场中的红花檵木、金叶女贞、长春花等规则式地被景观

图7-68 护坡上的小叶黄杨、金森女贞、红花檵木、小龙柏规则式地被景观

2.自然式木本植物地被景观

见图7-69～图7-76。

图7-69 布置在林间空地的杜鹃花、红叶小檗自然式地被景观

图7-70 纪念性广场中的铺地柏自然式地被景观，烘托了雕塑群

图7-71 道路旁的三角梅自然式地被景观

图 7-72　公园中的杜鹃花自然式地被景观

图 7-73　公园绿地上的花叶珊瑚树、红花檵木自然式地被景观

图 7-74　公园中的红叶小檗和小叶黄杨自然式地被景观

图 7-75　园林绿地中的菲白竹自然式地被景观

图 7-76 布置在公园中的铺地柏自然式地被景观

3. 综合式木本植物地被景观

见图 7-77 ~ 图 7-82。

图 7-77 在道路旁自然布置的花叶黄杨和修剪整齐的红叶石楠综合式地被景观

图 7-78 道路旁自然生长的绣线菊和修剪整齐的红叶石楠形成的综合式地被景观

图 7-79　树林中的金森女贞、红叶石楠综合式地被景观

图 7-80　主体雕塑周围环境中的金叶女贞、石楠、红花檵木等综合式地被景观

图 7-81　道路旁自然生长的长春花等综合式地被景观

图 7-82　布置在道路交通广场上的黄杨和草花等综合式地被景观

第八章
园林景观树种的选用

园林景观树种的选用关系到园林绿化成效的快慢、园林绿化质量的高低、园林绿化效果的发挥、园林绿化建设的成败。园林景观树种选得好，可以有计划地加速育苗，提高绿化速度。反之，如果树种规划不当，不仅耽误绿化建设的时间，影响绿化效益的发挥，而且还会造成经济上的重大损失。所以园林景观树种的选用是园林绿化建设战略性的问题。本章主要讲述：园林景观树种的选用原则和常用园林景观树种。

园林景观树种的选用原则

1.因地制宜，适地适树

我国土地辽阔、幅员广大，南方和北方、沿海和内陆、高山和平原气候条件各不相同，特别是各地城镇内土壤、水文情况复杂，而且树木种类繁多，生态特性各异，因此要从本地实际情况出发，根据树种特性和不同的生态环境情况，按照因地制宜、适地适树的原则选择园林景观树种。

2.生长健壮，抗性要强

要求树种树形美观，色彩、风韵、季相变化上有特色，抗性较强，以更好地美化市容，改善环境，促进人民的身心健康。选择生长健壮、便于管理的乡土树种，也就是参照气候、土壤和水文条件来选择适合当地生长的乡土树。但是为了丰富园林树木景观，还要注意对外来树种的引种驯化和试验，只要对当地生态条件比较适应，而实践证明是适宜树种，也应积极地采用。但不能盲目引种不适于本地生长的其他地带的树种，要充分考虑树木的地带性分布规律及特点。本地树种最适应当地的自然条件，具有抗性强、耐旱、抗病虫害等特点，为本地群众所常见，也能体现地方风格。

3.应用生态群落

从常绿树和落叶树的比例来说，应以常绿树为主，以达到四季常青又富于变化的目的；从乔木、灌木来说，应以乔木为主，乔木、灌木和草本相结合形成复层绿化，以满足园林树木生态环境的需求；从速生树和慢生树来说，应着眼于慢生树，用速生树合理配合，使速生树和慢生树相互搭配和衔接，近期以速生树为主，再配植适当的慢生树，分期分批地满足近期景观效果和远期景观效果的需要，这样既可早日取得绿化效果，又能保证绿化长期稳定。

4.具有经济效益

在提高各类绿地景观质量和充分发挥其各种功能的情况下，还要注意选择那些经济价值较高的树种，以便今后获得木材、果品、油料、香料、种苗等经济收益。

二 常用园林景观树种

由于我国各个城市所处的气候带不同，各类树木生长的生态习性不同，表现的观赏价值不同，各类园林绿地的功能不同，因此，各地区选择的园林景观树种也应不同。常用园林景观树种列举如下：

1.不同气候带常用园林景观树种

（1）热带（以海南、广东、广西、台湾南部为例）　南洋杉、肉桂、秋枫、昆栏树、刺竹、海南玉针松、相思树、荔枝、菩提树、麻竹、水松、凤凰木、龙眼、幌伞枫、青皮竹、鸡毛松、羊蹄甲、石栗、椰子、芭蕉、竹柏、红豆树、白千层、槟榔、银桦、木麻黄、楹树、红千层、蒲葵、大青树、白兰、孔雀豆、棕竹、榕树、象牙树、橄榄、波罗蜜、人心果、龙船花、黄槿、桉树、木棉、番荔枝、番茉莉、桃金娘、短绢毛波罗蜜、缅栀子、硬骨凌霄、夜来香、吊钟花、番石榴、一品红、蜡烛树、蒲桃、阳桃、马缨丹、变叶木、柚、素馨、黄皮树、狗牙花、红背桂、望江南、黄花夹竹桃。

（2）亚热带（南亚热带、中亚热带、北亚热带）

① 南亚热带（以台湾中、北部，福建东南部，广东东南部，广西中部，珠江流域，云南中南部为例）　马尾松、格木、波罗蜜、油橄榄、银桦、湿地松、桢楠、相思树、黑荆树、柑橘、火炬松、榕树、南洋楹、棕榈、木麻黄、南亚松、羊蹄甲、木荷、孔雀豆、苏铁、云南松、黄槿、山茶、石栗、桃金娘、朱槿、南山茶、白千层、荔枝、杉木、千年桐、幌伞枫、龙眼、水松、吊钟花、乌榄、槟榔、水杉、柚、蝴蝶果、红千层、池杉、橄榄、八角、落羽杉、木棉、肉桂、阳桃、芭蕉、竹柏、猴欢喜、蒲葵、黄皮树、棕竹、罗汉松、番石榴、南酸枣、人心果、象牙树、大叶桉、蒲桃、乳源木莲、蓝花楹、刺竹、柠檬桉、素馨、红豆树、九里香、麻竹、红椿、黄花夹竹桃、一品红、青皮竹。

② 中亚热带（以广东，广西北部，福建中、北部，浙江，江西，四川，湖南，湖北，长江以南，安徽，江苏南部，云贵高原，台湾北部为例）　马尾松、水松、青冈栎、香樟、南酸枣、柳杉、水杉、细叶青冈、柑橘、乳源木莲、杉木、竹柏、小叶青冈、天竺桂、油橄榄、冲天柏、罗汉松、栲树、檫树、棕榈、柏木、相思树、桢楠、广玉兰、银桦、罗汉柏、木麻黄、苦槠、白玉兰、粗榧、羊蹄甲、甜槠、厚朴、苏铁、香榧、刺柏、米槠、千年桐、幌伞枫、红豆杉、火炬松、紫楠、肉桂、红千层、银杏、湿地松、红润楠、蒲葵、芭蕉、棕竹、油茶、珙桐、木香、刚竹、含笑、虎刺、蓝果树、珍珠梅、淡竹、木莲、茶树、茉莉、郁李、孝顺竹、鹅掌楸、木荷、八仙花、海棠花、青皮竹、石楠、厚皮香、金缕梅、贴梗海棠、茶秆竹、枇杷、榕树、枫香、西府海

棠、慈竹、红豆树、桃叶珊瑚、檵木、垂丝海棠、箬竹、花楸木、瑞香、木芙蓉、珊瑚朴、凤尾竹、夏蜡梅、映山红、梅、榆树、大叶桉、杨梅、马银花、碧桃、榉树、柠檬桉、山茶、云锦杜鹃、蔷薇、毛竹、红椿、茶梅、冬青、月季。

③ 北亚热带（以秦岭山脉，淮河流域以南，长江中下游以北为例） 马尾松、北樟、紫荆、厚壳树、溲疏、黑松、白楠、蜡梅、南天竹、重阳木、华山松、红桦、夹竹桃、十大功劳、刺槐、火炬松、亮叶桦、紫薇、黄杨、中国槐、台湾松、鹅耳枥、结香、雀舌黄杨、皂荚、湿地松、栓皮栎、金丝桃、糙叶树、香椿、秦岭冷杉、麻栎、木槿、朴树、苦楝、四川冷杉、亮叶水青冈、木绣球、白榆、梓树、柳杉、米心水青冈、荚蒾、椭榆、楸树、大果青杆、栾树、珊瑚树、黄檀、日本柳杉、七叶树、海仙花、青檀、构树、水杉、稠李、金银花、榉树、皂荚、池杉、落羽杉、金钟花、红椿、梧桐、桧柏、山合欢、桂花、山茶、黄金树、龙柏、麻叶绣球、铜钱树、千年桐、泡桐、侧柏、珍珠绣线菊、雪柳、南酸枣、垂柳、刺柏、绣线菊、大叶女贞、乳源木莲、棕榈、珍珠梅、石榴、刚竹、罗汉松、杏、枫香、无花果、桂竹、广玉兰、樱花、乌桕、薜荔、紫竹、白玉兰、碧桃、竹叶椒、杜仲、罗汉竹、紫玉兰、紫叶李、栀子花、海桐、淡竹、青冈栎、榆叶梅、六月雪、杜英、石绿竹、细叶青冈、棣棠、水杨梅、糯米椴、美竹、苦槠、玫瑰、凌霄、南京椴。

（3）暖温带（以沈阳以南，山东辽东半岛，秦岭北坡，华北平原，黄土高原东南，河北北部等地区为例） 油松、锦带花、蜡梅、大果榆、杏、云杉、天目琼花、枳、灯台树、梨、冷杉、香荚蒾、枸杞、木工柳、苹果、太白红杉、金银木、柿树、楸树、梅、白皮松、华北忍冬、黄檗、牡荆、花楸、华北落叶松、白榆、臭椿、中国槐、紫荆、华山松、千金榆、栾树、核桃楸、紫藤、黑松、黑榆、黄连木、毛泡桐、细叶小檗、日本赤松、小叶朴、黄栌、刺楸、南天竹、侧柏、大叶朴、火炬树、锦鸡儿、十大功劳、圆柏、蒙桑、元宝槭、高丽槐、山楂、杜松、柽柳、五角枫、多花枸子、海棠果、牡丹、糠椴、茶条槭、绣线菊、山荆子、板栗、紫椴、复叶槭、榆叶梅、红瑞木、麻栎、鄂椴、丁香、七叶树、楝木、槲栎、小叶椴、黄刺玫、黄波罗树、花曲柳、毛白杨、石榴、连翘、鸡爪槭、水蜡树、小叶杨、桂香柳、白蜡树、紫椴、白桦、箭杆杨、胡颓子、秦岭白蜡、元宝槭、棣棠、银白杨、牛奶子、马鞍树、血皮槭、池杉、旱柳、玉兰、木瓜、落羽杉。

（4）温带（以沈阳以北松辽平原，东北东部，燕山、阴山山脉以北，北疆等地区为例） 樟子松、千金榆、毛榛、梓树、红松、玉铃花、卫矛、榆叶梅、软枣、猕猴桃、鱼鳞云杉、天女花、马鞍树、连翘、红皮云杉、灯台树、暴马丁香、蔷薇、山葡萄、冷杉、元宝槭、黄花忍冬、绣线菊、北五味子、落叶杉、槲栎、小花溲疏、珍珠梅、刺苞南蛇藤、杜松、蒙古栎、花楷槭、山梨、刺楸、紫杉、辽东栎、东北山梅花、玫瑰、赤杨、紫椴、春榆、小檗、山杏、刺槐、糠椴、花楸、荚蒾、京桃、银白杨、水曲柳、白桦、接骨木、樱花、新疆杨、花曲柳、岳桦、山楂、林檎、黄檗、大青杨、山荆子、黄栌、锦带花、松毛翠、核桃楸、五角枫、火炬松、小叶女贞、叶状苞杜鹃、圆叶柳、牛皮杜鹃、越桔。

（5）寒温带（以大兴安岭山脉以北，小兴安岭北坡，黑龙江省等地区为例） 红松、杜松、紫椴、丁香、绢毛绣线菊、兴安落叶松、兴安桧、香杨、赤杨、柳叶蓝靛果、红皮云杉、白桦、矮桦、榛子、狭叶杜香、黄花松、黑桦、朝鲜柳、兴安杜鹃、糠椴、鱼鳞松、山杨、粉枝柳、越桔、蒙古栎、樟子松、胡桃楸、沼柳、兴安茶藨子、柳叶绣线菊、臭冷杉、光叶春榆、越橘柳、长果刺玫、北极悬钩子、偃松、黄檗。

2.不同生态习性常用园林景观树种

（1）喜光树种　马尾松、青杨、海棠花、枳椇、柽柳、油松、银白杨、垂丝海棠、枣、瑞香、黑松、钻天杨、梨、梧桐、胡颓子、雪松、小叶杨、红叶李、相思树、茉莉、长叶松、旱柳、杏、桉树、栀子花、五针松、馒头柳、桃、紫藤、一品红、赤松、垂柳、梅、杏树、扶桑、火炬松、核桃、樱花、蜡梅、桂香柳、翠柏、白桦、合欢、海棠、无花果、杜松、槲树、凌霄、金钟花、牡丹、水松、板栗、皂荚、连翘、南洋杉、栓皮栎、刺槐、白蜡树、金缕梅、侧柏、桑树、槐树、糠椴、笑靥花、龙柏、木芙蓉、大花紫薇、蒙椴、绣线菊、白玉兰、榉树、椿树、喜树、珍珠梅、大叶桉、榆树、香椿、刺楸、白鹃梅、蓝桉、榔榆、楝树、灯台树、山楂、银桦、朴树、油桐、柿树、花楸、落叶松、鹅掌楸、重阳木、贴梗海棠、构树、檫木、乌桕、泡桐、木瓜、枫香、黄连木、毛泡桐、月季、杜仲、三角枫、梓树、玫瑰、金钱松、悬铃木、七叶树、楸树、榆叶梅、银杏、苹果、栾树、火棘、紫荆、毛白杨、海棠果、无患子、金丝梅、龙爪槐、紫穗槐、枸杞、小叶女贞、山桃、枸橘、木绣球、华山松、毛樱桃、沙枣、黄栌、蝴蝶树、樟子松、台湾相思、黄檗、丝棉木、莱莲、云南松、凤凰木、苦楝、葡萄、金根木、长白落叶松、枫香、木槿、锦带花、池杉、新疆杨、复叶槭、飞蛾槭、白千层、河北杨、扁桃、紫薇、木麻黄、蓝桉、小青杨、石榴、观光木、柠檬桉、滇杨、薄壳山胡桃、四照花、油橄榄、大叶桉、胡杨、水曲柳、红瑞木、相思树、箭杆杨、丁香、连翘、桉树、木棉、北京杨、暴马丁香、榕树、石栗、黑桦、雪柳、紫丁香、日本花柏、小叶朴、椰子、迎春、桧柏、金老梅、白榆、油棕、醉鱼草、九里香、稠李。

（2）耐阴树种　香榧、云南山茶、波缘冬青、黄栀子花、铁杉、冷杉、红背桂、瑞香、蚊母树、桂花、云杉、八仙花、海桐、丝兰、桃叶珊瑚、紫杉、结香、棕竹、冬青、十大功劳、罗汉松、茶花、蒲葵、栀子花、罗汉柏、竹柏、棕榈、杜鹃、南天竺、珊瑚树、肉桂、楠木、紫金牛、锦熟黄杨、八角金盘、杨梅、三尖杉、天目琼花、小叶黄杨、交让木、厚皮香、鸡爪槭、马银花、山茶、常春藤、棣棠、红豆杉、接骨木。

（3）耐湿树种　水松、垂柳、桑树、皂荚、乌桕、旱柳、丝棉木、棕榈、胡颓子、枫杨、杞柳、赤杨、水竹、白蜡、龙爪柳、木芙蓉、木竹、楸树、池杉、雪柳、紫穗槐、三角枫、水杉、水曲柳、接骨木、金缕梅、白桦、落羽松、卫矛、枫香、柽柳、水杨梅、夹竹桃、黄连木、小檗、河柳、喜树、栀子花、青檀、栾树、朴树、白蜡树、紫藤、化香、六月雪、榉树、马甲子、石榴、箬竹、枸杞、糙叶树、构树、山楂。

（4）耐瘠薄土壤的树种　赤松、女贞、苦楝、相思树、胡杨、桧柏、石楠、蜡梅、九里香、银白杨、杜松、桑树、海桐、小叶女贞、旱柳、刺柏、柳树、南天竺、杨梅、木麻黄、马尾松、臭椿、丝兰、獐子松、榔榆、白皮松、枣、火棘、柽柳、白榆、油松、合欢、刺槐、木棉、丝棉木、黑松、紫薇、槐树、柠檬桉、沙枣、侧柏、泡桐、麻栎、巴旦木、花椒、铅笔柏、黄杨、黄檀、小青杨、元宝槭、棕榈。

（5）喜酸性土的树种　红松、银杏、栀子花、九里香、杜仲、马尾松、香榧、瑞香、小叶女贞、悬铃木、云南松、池杉、广玉兰、丝兰、黑桦、湿地松、红豆杉、女贞、苦楝、白桦、金钱松、杉木、飞蛾槭、白兰花、榔榆、龙柏、油茶、冬青、鹅掌楸、波罗蜜、赤松、山茶、观光木、阴香、小叶榕、油松、南山茶、枇杷、白千层、黄葛榕、罗汉松、檵木、杨梅、蓝桉、黄檗、柳杉、越橘、苦槠、直干桉、芒果、华山松、马醉木、油橄榄、柠檬桉、薄壳山核桃、云南松、樟树、相思树、梧桐、珊瑚树、雪松、檫树、桂花、油桐、金银木、冷杉、茉莉、桉树、乌桕、石斑木、云杉、含笑、银桦、金老梅、枫香、红皮杉、石楠、棕榈、元宝槭、赤杨、长白落叶松、苏铁、楠木、大叶桉、山矾、榕树、槐树、乌饭树、紫杉、杜鹃、三尖杉。

（6）耐盐碱土的树种　黄杨、银杏、胡杨、白蜡、龙舌兰、柽柳、桑树、毛白杨、泡桐、枸杞、棕榈、旱柳、新疆杨、黑松、紫荆、丝兰、杞柳、箭杆杨、侧柏、元宝槭、胡颓子、构树、木麻黄、刺柏、花楸、合欢、梧桐、榉树、枣树、红树、苦楝、巴旦杏、白榆、铅笔柏、红海榄、乌桕、皂荚、沙枣、桃叶珊瑚、木榄、紫薇、刺槐、椿树、夹竹桃、木麻黄、柳树、槐树、柿树、海桐、椰子、臭椿、紫穗槐、水曲柳、槟榔。

（7）喜钙质土的树种　侧柏、黄荆、君迁子、鸡麻、白蜡树、黄檀、南天竹、八角枫、山胡椒、山麻杆、青檀、酸枣、苦木、锦鸡儿、枸杞、刺榆、棠梨、牛鼻栓、苦参、金银木、铜钱树、马甲子、卫矛、臭椿、山楂、黄连木、刺楸、胡颓子、刺槐、圆叶乌桕、五角枫、朴树、野花椒、栾树、柏木、三角枫、榆树、竹叶椒、雪柳、杜松。

3.不同观赏价值常用园林景观树种

（1）观叶树种　杏、山麻杆、胡颓子、木蜡树、红叶李、红叶桃、红叶桑、红枫、红瑞木、红叶石楠、紫叶小檗、羽毛枫、五角枫、三角枫、元宝槭、鸡爪槭、槭树、枫香、卫矛、乌桕、刺楸、黄连木、皂角、无患子、黄连木、白蜡、七叶树、国槐、银杏、银白杨、鹅掌楸、野鸦椿、四照花、黄栌、朴树、榉、水杉、柿树、地锦、火炬树、青桐、落羽杉、池杉、盐肤木、丝棉木、枸骨、桃叶珊瑚、海桐、丁香、石楠、杜英、金钱松、南天竹、槟榔、董棕、鱼尾葵、巴西棕、高山蒲葵、油棕、羊蹄甲、蜂腰洒金榕、金叶桧、浓红朱蕉、变叶榕、红桑、红背桂、油松、花柏、菲白竹。

（2）观花树种

①春季　桃、牡丹、泡桐、含笑、笑靥花、梅、杏、金缕梅、丁香、玫瑰、樱花、月季、连翘、梨、金钟花、杜鹃、木香、迎春花、雪柳、黄槐、山茶、棣棠、金银花、羊踯躅、木绣球、海棠、紫藤、素馨、木莲、四照花、紫荆、瑞香、白玉兰、玉兰、紫玉兰、黄馨、迎春、榆叶梅、蔷薇、忍冬、红千层。

②夏季　紫薇、扶桑、茉莉花、夹竹桃、凌霄、石榴、锦带花、木本夜来香、米兰、栀子花、木槿、六月雪、九里香、合欢、夏鹃、白兰花、广玉兰、金丝桃、夏蜡梅、枸杞、六道木、木芙蓉。

③秋季　月季、扶桑、茉莉、米兰、紫薇、山茶、木本夜来香、九里香、早蜡梅、木芙蓉、白兰花、桂花、凤尾兰。

④冬季　茶梅、梅花、结香、油茶、迎春、山茶、蜡梅、杜鹃、洋紫荆、龙船花、三角梅、金橘。

（3）观果树种　柑橘、无患子、木瓜、秤锤树、桃类、桃叶珊瑚、栾树、天目琼花、紫金牛、红豆杉、山栀子、枸骨、红豆树、胡颓子、冬青、石榴、丝棉木、西府海棠、青桐、刺叶冬青、火棘、海桐、小果蔷薇、刺梨、铁冬青、葡萄、杏、乌桕、金樱子、湖北海棠、南天竹、小檗、卫矛、紫珠、金丝海棠、柿子类、毛樱桃、石楠、山楂、海棠花、枸杞、山茱萸、苦楝、枣、四照花、枇杷、佛手、金橘、荚蒾、铜钱树、十大功劳、红瑞木、雪里果、番木瓜、平枝枸子、波罗蜜、木本海棠、山里红。

4.不同使用功能常用园林景观树种

（1）行道树或庭荫树　重阳木、枫杨、鹅掌楸、垂柳、毛白杨、枫香、木棉、青桐、悬铃木、银杏（雄株）、槐树、蓝桉、杜仲、白榆、水曲柳、柠檬桉、新疆杨、榔榆、白蜡、榉树、大叶桉、毛白杨、木菠萝、泡桐、椿树、紫椴、银白杨、小叶榕、梓树、油松、糠椴、小青杨、黄葛榕、椰子、黑松、石栗、滇杨、苦楝、油棕、柳杉、乌桕、胡杨、栾树、樟树、广玉兰、合欢、箭杆杨、元宝槭、鱼尾葵、白兰花、台湾相思、北京杨、七叶树、矮穗鱼尾葵、鹅掌楸、羊蹄甲、垂柳、芒果、王棕、香樟、洋紫荆、黑桦、薄壳山核桃、皇后葵、大花紫薇、凤凰木、白桦、柿树、槟榔、银桦、皂荚、木麻黄、桂花、假槟榔、白千层、刺槐、小叶朴。

（2）抗风树种　竹、飞蛾槭、棕榈、海桐、赤松、冬青、马尾松、圆柏、楮、青冈栎、油松、龙柏、广玉兰、杨梅、女贞、侧柏、獐子松、相思树、黑松、木麻黄、樟树、银杏、加拿大杨、箭杆杨。

（3）防火树种　银杏、悬铃木、柳树、泡桐、苦楝、青桐、槐树、臭椿、栎树、麻栎、白杨、杜仲、交让木、厚皮香、樟、山茶、金松、楠、八角金盘、女贞、罗汉松、铁冬青、芭蕉、海桐、黄杨、槲树、珊瑚树、夹竹桃、枸骨、青冈栎、八角茴香、木荷、油茶、棕榈。

参 考 文 献

[1] 刘鹏.景观设计之垂直绿化探析.装饰理论[J]. 2015（8）：65-66.

[2] 付卓群.垂直花园绿色景观设计初探.广东水利水电[J]. 2014（9）：39-45.

[3] 杨麒，朱一.垂直绿化发展趋势探析.新视觉艺术[J].2013（5）：52-57.

[4] 边颖.城市住区景观规划与设计[M].北京：机械工业出版社.2011.

[5] 胡长龙.园林规划设计[M].北京：中国农业出版社，2010.

[6] 胡长龙.城市园林绿化设计[M].上海：上海科学技术出版社.2004.

[7] 顾小玲.景观设计艺术[M]. 南京：东南大学出版社，2004.

[8] 周忠玲，王杰.街道园林植物景观的艺术设计表达[J].中外建筑，2008（10）：117-118.

[9] 何平，彭重华.城市绿地植物配置及造景[M].北京：中国林业出版社，2001.

[10] 唐学山，李雄，曹礼昆.园林设计[M].北京：中国林业出版社，1997.

[11] 钟训正.建筑画环境表现与技法[M].北京：中国建筑工业出版社，1995.

[12] 吴子刚等.杭州园林植物配置[M].北京：城市建筑出版社，1981.

[13] Landscape Design 杂志社.日本最新设计景观[G].刘云俊译.大连：大连理工大学出版社，2001.